건강한
생활을
위한
화훼장식

GREEN INTERIOR

국립원예특작과학원

실내외 공간에서 다양한 용도로 이용되는 화훼장식은
아름다운 생활공간 창출을 위한 장식적 효과와 함께
인간생활에 유익한 여러 가지 기능적 역할을 제공한다.

21세기사

건강한 생활을 위한 화훼장식

FLORAL AND PLANT DESIGN

C o n t e n t s

제1장

화훼장식의 의의와 기능

1. 화훼장식의 의의 _ 8
2. 화훼장식의 기능 _ 10

제3장

화훼장식의 분류

1. 절화 장식의 분류 _ 43
2. 분식물 장식의 분류 _ 50

제2장

화훼식물의 건강을 위한 기능성

1. 환경적 기능 _ 18
2. 치료적 기능 _ 29
3. 기능성에 따른 배치 _ 34

제4장

화훼장식 소재 및 자재

1. 절화 장식 _ 61
2. 분식물 장식 _78

제5장

화훼장식의 디자인
요소 및 원리

1. 개념요소 _ 91

2. 시각요소 _ 95

3. 디자인 원리 _ 98

제6장

화훼장식의 실제 및
관리

1. 절화 장식 _ 108

2. 분식물 장식 _ 131

특집

농업인 업무상
재해와 안전보건
관리의 이해_ 163

부록

알기 쉬운
농업용어_173

제1장

화훼장식의 의의와 기능

1. 화훼장식의 의의
2. 화훼장식의 기능

01 화훼장식의 의의

실내외 공간에서 다양한 용도로 이용되는 화훼장식은 아름다운 생활공간 창출을 위한 장식적 효과와 함께 인간생활에 유익한 여러 가지 기능적 역할을 제공한다. 경제가 발전해 생활수준이 높아지면 아름다운 생활환경에 대한 관심이 높아지고, 아름다운 생활환경에서 꽃과 식물은 필수적인 요소로 자리 잡는다. 화훼장식은 판매용 소형 상품 제작부터 대규모 공간의 화훼장식 공사까지 범위가 넓고 규모가 다양한데 화훼장식이 무엇인지, 어느 정도 범위를 포함하는지 정리하는 것이 중요하다.

화훼(花卉)는 관상을 대상으로 하는 초본식물과 목본식물을 총괄하는 식물을 말하며, 화훼식물은 이용 목적에 따라 절화(切花, cut flowers), 분식물(盆植物, potted plants), 정원식물(庭園植物, garden plants)로 생산되어 이용된다.

화훼장식(花卉裝飾, floral and plant design)은 화훼식물을 주요 소재(素材)로 인간의 창의력과 표현능력을 이용해 공간의 기능과 미적 효율성을 높여주는 장식물을 제작하거나 설치하고 유지·관리하는 기술이다. 화훼장식 공간은 실내공간과 실외공간으로 나눌 수 있으며, 실내장식일 경우 절화장식·분식물장식·실내정원 등의 형식으로 이루어지며(그림 1, 2), 실외장식은 분식물을 이용한 장식과 토양에 직접 화훼식물을 심어 이루어지는 정원이 포함된다(그림 3).

넓은 범위의 화훼장식은 화훼식물을 이용한 실외공간 장식을 포함할 수 있으나 이것은 규모가 커지면서 장식적인 목적 외에 다양한 환경문제를 개선하기 위해 토양·기상·측량·설계 등 광범위한 지식을 필요로 하므로 조경분야에서 다루게 된다. 좁은 범위의 화훼장식은 절화와 분식물을 이용한 실내공간장식과 분식물을 이용한 실외장식으로 한정해 볼 수 있다.

그림 1. 절화를 이용한 실내장식   그림 2. 분식물을 이용한 실내장식   그림 3. 정원

02 화훼장식의 기능

화훼장식으로 인해 아름답고 쾌적한 생활공간이 창출됨과 동시에 다양한 효과를 얻을 수 있는데 이러한 효과는 건축적 · 심리적 · 환경적 · 교육적 · 치료적 · 경제적인 효과로 나누어 볼 수 있다.

장식적(裝飾的) 기능

실내외 공간의 화훼식물을 이용한 장식은 아름답고 쾌적한 환경의 연출에 매우 강력한 효과를 보인다(그림 4). 철근과 콘크리트로 이루어진 건물의 차갑고 딱딱한 공간에 배치된 절화 장식물이나 분식물은 꽃과 잎의 아름다운 형태와 색, 향기 그리고 생명력이 넘치는 신선함으로 이루 말할 수 없는 아름다운 분위기를 만들어낸다. 조각물과 같은 멋진 형태를 지닌 분식물로 장식된 공간은 신선함은 물론 식물의 생장으로 인한 변화하는 아름다움, 그리고 규모에 비해 저렴한 경제적인 측면까지 고려할 경우 최고의 장식적 효과를 가진다.

건물 현관 앞의 분식물이나 건물 내부 아트리움(atrium)의 실내정원은 그 공간을 눈에 잘 띄게 해서 건물에 대한 이미지를 매우 인상 깊게 만드는 역할을 한다. 이러한 뛰어난 장식적 효과를 가진 화훼장식은 생활공간 장식뿐만 아니라 무대장식과 디스플레이(display) 등에도 활발히 이용되고 있으며 그 규모와 이용범위는 점점 커지고 있다.

건축적(建築的) 기능

실내공간에 배치된 녹색의 분식물은 차가운 건축물을 부드럽고 안정된 분위기로 연출하는 장식적 기능을 가질 뿐만 아니라 공간을 차지하고 있기 때문에 실내공간을 분할하고 동선(動線)을 유도하며, 시계(視界)를 차폐하는 건축물로서의 역할로 이용되는 경우가 많다. 열린 공간(open space) 개

그림 4. 장식적 기능

념으로 이루어지는 사무공간에서 칸막이 대신 식물을 이용할 경우 은밀한 공간을 형성하기 위한 부분적인 차폐, 통행자들에게 방향을 제시하거나 통행금지 의미로 이용되는 울타리 혹은 차단물로서의 식물 배치처럼 분식물을 이용한 화훼장식은 다양한 건축적인 기능을 가진다.

심리적(心理的) 기능

세상이 만들어진 이래 식물과 더불어 살아온 인간은 식물과 함께 있을 때 본능적으로 편안한 느낌을 가진다. 이러한 인간의 감정에 대한 학자들의 해석은 각양각색이지만 식물의 존재가 인간에게 미치는 심리적 효과는 다양하다. 식물로 인해 스트레스가 해소되고 분노감이 줄어들며, 기분이 좋아지는 등 뚜렷한 감정적 변화가 있으며, 뇌파 측정에서 a파의 출현량이 많아졌다는 실험 결과도 있다.(손기철 외, 1998; 손기철, 2002). 실내에서 식물기르기나 화훼장식 활동을 하는 것은 명백히 문서작성과 같은 사무활동을 하는 것에 비하여 생리적으로 안정 및 이완, 집중력 지수를 높여 주었다.

또한 장식의 색상뿐 아니라 형태에 따라 사용자는 긴장이 완화되거나 활력이 증가한다. 실제 회의공간에 절화 장식물을 설치하였을 때 회의참석자의 긴장감, 우울감, 분노, 피로, 혼란 등의 감정이 장식물이 없는 공간에 비해 낮아지며 활력이 증가했다.

이러한 식물이 제공하는 심리적 효과로 인한 화훼장식의 의의는 매우 크다고 볼 수 있으며, 특히 자연과 격리된 도시환경에서 꽃과 식물로 이루어진 아름다운 생활공간에서의 진한 감동은 이루 말할 수 없는 삶에 대한 애착과 희망으로 사람들의 정서(情緒)를 순화시키고 풍부하게 만들어준다.

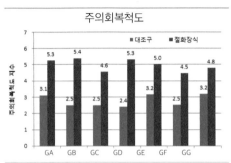

7 매우 그렇다~1 매우 그렇지 않다. GA: 마음이 차분히 가라앉을 것 같다, GB: 에너지를 회복할 수 있을 것 같다, GC: 나 자신을 다시 찾을 수 있을 것 같다, GD: 모든 것을 잊을 수 있을 것 같다, GE: 생각을 다시 정리할 수 있을 것 같다, GF: 모든 것을 잊을 수 있을 것 같다. GG: 집중력을 회복할 수 있을 것 같다.

그림 5. 회의공간의 절화장식 배치에 따른
참여자의 주의회복척도

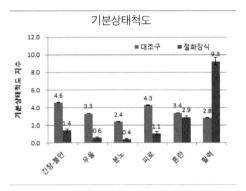

4: 매우 그렇다, 3: 그렇다, 2: 중간, 1: 그렇지 않다, 0: 매우 그렇지 않다

그림 6. 회의공간의 절화장식 배치에 따른
참여자의 기분상태

식물이 있는 공간은 휴식공간으로 제공되거나 특히 사무공간에 이루어진 화훼장식은 사원들의 스트레스를 줄이고 일의 효율과 창의성을 높여준다(이종섭 외, 1998).

실내에서 많이 사용하는 관엽식물의 장식형태는 사용자의 감성에 영향을 준다. 거실공간에서 관엽식물로 수평형, 수직형, 원형으로 장식할 때 소비자들은 수평장식을 가장 많이 선호하였는데 수평장식에 대해 특히 '부드럽고', '따뜻한', '고급스러운', '세련된', '편안한' 이미지를 가졌다.

또 화훼장식을 통해 공동체의 주거환경을 개선해 구성원들의 사회정신적 건강과 작업능률을 증진하고 경제적 · 사회적 조건들을 고양시켜 그 지역의 부정적 이미지를 변화시킨다. 이러한 효과를 위해 빈민가에 아름다운 화단을 조성해 생활의 활력을 일으키도록 유도하는 사회단체들의 활동이 있다.

환경적(環境的) 기능

식물은 잎 뒷면에 있는 기공(氣孔)을 통해 흡수한 이산화탄소(CO_2)와 뿌리에서 흡수한 물(H_2O)을 엽록소에 의해 흡수된 태양에너지를 이용해 식물의 생장에 필요한 탄수화물($Cn(H_2O)m$)을 만들며 산소(O_2)를 방출하는 광합성(光合成)작용을 한다. 또한 식물은 광합성에 비하면 소량이지만 호흡을 통해 산소를 흡수하고 이산화탄소를 방출한다. 광합성과 호흡으로 인한 기공의 개폐 시 증산작용(蒸散作用)이 일어나 수분이 방출된다. 이러한 결과 식물은 사람에게 필요한 산소를 공급하고 유해한 이산화탄소를 흡수해 공기를 정화(淨化)하며 수분을 방출해 습도를 조절한다. 또 식물이 이산화탄소를 흡수할 때는 공기 중의 벤젠, 트리클로르에틸렌, 포름알데히드 등 많은 오염물질을 흡수해 공기를 정화하는 역할을 한다.

난방으로 인해 매우 건조한 겨울철 실내공간에 배치된 분식물은 살아 있는 자동 가습기 역할을 하며, 증산작용에 의한 기화열(氣化熱)은 주변의 기온을 낮추므로 식물은 온도조절 효과도 보인다. 또한 공기 중에 양이온이 많으면 인체에 유해하지만 음이온이 증가하면 자율신경을 진정시키며 불면증을 없애고 신진대사를 촉진하며 혈액을 정화하고 세포 기능을 강화해 얼굴색을 아름답게 하는데, 식물의 광합성이나 증산작용이 왕성한 곳에서는 음이온이 다량 발생한다.

방향성 식물이나 방향성 꽃은 휘발성 방향물질을 방출해 좋은 향을 제공할 뿐만 아니라 그 성분에 따라 스트레스 해소, 진정(鎭靜), 우울증 치료 등의 효과를 보이며 유해한 병균의 발생을 억제해 건강에 좋은 쾌적한 환경을 제공한다. 이외에도 실내공간에 배치된 식물은 전자파 차단, 방음 등 환경을 개선하는 효과를 제공한다(손기철, 2002).

교육적(教育的) 기능

아름다운 화훼장식 공간에서의 생활은 미적 감각을 증진시키는 효과를 제공한다. 화훼장식물이나 화훼장식 공간을 바라보는 사람들은 세상과 사물을 바라보는 데 그들이 사용해 왔던 시각과는 다른 디자이너의 시각에 직면하게 되어 디자이너의 다양한 의도와 표현을 공유하게 된다(이정민, 1998 ; 이정민, 2001). 이러한 반응을 통해 미적 감각의 증진과 아름다운 생활환경에 대한 관심이 유도된다.

또한 지속적으로 유지되는 분식물 장식을 위해 관리에 필요한 지식을 습득하게 되며, 이러한 관리과정을 통해 육체적인 노력과 함께 식물에 대한 생물학적 이해와 사랑에 대한 감정적 성장이 이루어진다. 관리과정에서 발생하는 여러 가지 문제를 전문가를 통하거나 책을 통해, 또는 경험에 의해 해결하게 되며 이러한 과정을 통해 문제해결 능력과 식물의 관리능력이 증진된다. 특히 도시환경의 아이들에게 자연학습의 기회가 제공되어 식물의 생장에 대한 이해와 함께 꽃과 식물을 이용한 생활환경에 대한 관심을 증진시킨다.

치료적(治療的) 기능

식물에 대한 사람들의 심리적 반응으로 인해 화훼장식은 정서안정과 같은 정신적 치료 효과를 제공하는 것은 물론, 눈의 피로를 경감시키는 효과가 있는 것으로 보고되었다. 피실험자에게 실내에서 하루 동안 독서와 잡담 등 생활활동을 하면서 30분 간격으로 시각피로나 대뇌피질의 활동수준을 검사한 결과, 도중에 2회 정도 관엽식물을 보게 한 경우는 그렇지 않은 경우에 비해 눈의 피로가 명백히 경감되었다는 연구결과가 있다. 또 종일 컴퓨터 등의 작업에 종사하는 사람들은 눈의 피로, 시력의 저하, 어깨나 팔의 통증, 심신의 피로, 판단력 저하 등 각종 병증의 테크노스트레스(techno-stress)가 심각해져 사회문제가 되고 있는데, 녹색식물을 보는 것으로 해소시킬 수 있다는 연구결과가 있어 식물은 눈의 피로 및 테크노스트레스를 치유하는 효과가 있는 것으로 증명되고 있다(손기철, 2002).

식물은 살아 있는 생명체로서 절화의 경우 물갈이, 분식물의 경우 관수·시비 등 관리가 필요하다. 그러므로 이들 화훼장식물의 관리를 위한 신체적 움직임은 육체적 건강을 유도하게 되며 식물에 대한 애정 어린 보살핌은 정서적 안정을 유도해 정신적인 건강을 이루어낸다. 화훼장식물이 갖는 아름다운 꽃과 방향성 식물의 향기는 향의 성분에 따라 우울증이나 스트레스를 경감시키는 향기치료의 역할을 한다. 이와 같이 화훼장식은 병원에서 제공할 수 없는 정신적·육체적 치료 효과를 보이며 삶의 질을 향상시킨다.

경제적(經濟的) 기능

화훼장식물이 있는 공간은 아름다울 뿐만 아니라 편안한 이미지를 주며 볼거리를 제공해 사람들을 불러 모으는 효과를 가진다. 또는 상업공간에서의 화훼장식물의 존재는 사람들로 하여금 그 공간에 대한 긍정적인 이미지를 느끼도록 유도해 간접적인 경제적 효과를 창출할 수 있다(그림 7). 호텔에서 식물이 있는 아트리움이 보이는 방은 가격이 비싼데도 훨씬 선호되며, 커피

그림 7. 경제적 기능

숍을 이용하는 손님들은 화훼장식물이 놓인 테이블을 선호한다. 이는 커피숍 이용객을 증가시켜 매출 상승으로 이어졌다. 이러한 경제적 효과로 인해 상품판매를 촉진하기 위한 디스플레이 공간에도 화훼장식물의 이용이 증가하고 있다.

참고문헌

손기철, 나선영, 류명화. 1998. 녹색이 인간생활에 미치는 영향. 한국원예치료연구회 p. 65-81.

손기철, 2002. 원예치료. 중앙생활사.

이정민. 1998. 화예디자인의 현대적 개념과 기능에 관한 연구. 한국꽃예술디자인학회 p. 85-112.

이정민. 2001. 환경친화 가치를 위한 화예디자인의 정체성 확립과 표현에 관한 연구. 숙명여자대학교 디자인대학원 석사학위논문.

이종섭, 손기철, 송종은, 이손선. 1998. 실내식물이 인간의 뇌파변화에 미치는 영향. 한국원예치료연구회 p. 57-64

제2장

화훼식물의 건강을
위한 기능성

1. 환경적 기능

2. 치료적 기능

3. 기능성에 따른 배치

01 환경적 기능

화훼식물의 환경적 기능에는 오염물질 제거에 의한 공기정화, 식물에서 방출하는 음이온·향 등에 의한 환경개선, 실내온도의 급속한 변화 및 온도 조절 효과, 건조한 실내에서의 공중습도 제공, 풍향 및 풍속의 조절, 소음 경감 및 음향 조절, 녹지효과로 인한 시각적 안정성 도모 등이 있다. 도시의 공기는 실내외를 막론하고 심하게 오염되어 있다. 미국 환경부는 현대인의 건강을 위협하는 5대 요인 중 하나가 실내공기라고 규정했다. 현대인은 하루 일과 중에 90% 이상을 실내에서 생활하며, 하루에 20~30kg 정도의 공기를 마신다. 실내공기가 실외공기보다 현대인의 건강에 더 위협적이다. 원예식물은 공기정화 능력이 뛰어나며, 특히 실내공기 정화는 원예적 접근과 효과 확인이 가능한 분야다.

식물의 실내공기 정화 원리

식물에 의한 공기 정화 원리는 첫째, 잎과 근권부 미생물의 흡수에 의한 오염물질 제거다. 잎에 흡수된 일부 오염물질은 광합성의 대사산물로 이용되어 제거되고, 화분 토양 내로 흡수된 오염물질은 근권부 미생물에 의해 제거된다. 둘째는 음이온·향·산소·수분 등 다양한 식물 방출물질에 의해 실내환경이 쾌적해지는 것이다. 잎에 광량을 높이면 광합성 속도가 증가해 제거능력이 높아지고, 화분으로 실내 오염물질을 자주 처리할수록 근권부에 관련 미생물이 증가해 제거능력이 우수해진다.

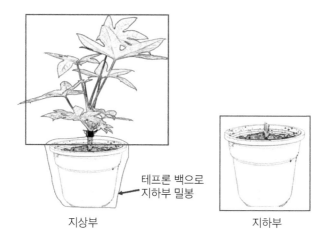

테프론 백으로
지하부 밀봉

지상부   지하부

	지상부 : 지하부
낮	52 : 48
밤	10 : 90

그림 1. 화분의 지상부(잎, 줄기)와 지하부(뿌리, 토양)의 낮과 밤 동안에 포름알데히드 제거 비율 및 실험과정

그림 2. 화분의 지피방법에 따른 공기정화 효과

(실내공기 정화를 위한 효과적인 화분 지피방법은 근권부로 공기가 원활히 접촉할 수 있는 소재가 좋기 때문에 모래보다는 식물체가 좋다. 모래 중에는 가는 모래보다 굵은 모래가 우수하고, 식물체 중에서는 살아 있는 식물체에 의한 지피가 우수하다. 특히 셀라지넬라로 지피할 경우에는 같은 화분에서 40% 정도 공기정화 효과가 증가한다.)

| ❶ 공기 중 오염 물질을 기공으로 흡수 | ❷ 증산작용에 의해 온·습도 조절 |
| ❸ 증산에 의해 형성된 부압으로 오염물질 근권부로 이동 | ❹ 근권부 미생물에 의한 오염물질 분해 |

그림 3. 실내식물의 공기정화 원리

(① 잎에 흡수된 오염물질은 대사산물로 이용되어 제거되고, 일부는 뿌리로 이동해 토양 내 근권부 미생물의 영양원으로 활용되어 제거된다. ② 음이온·향·산소 등 방출물질에 의해 환경이 정화되며, 증산작용에 의해 공중습도가 올라가고, 주변 온도를 조절한다. ③ 미생물은 유기물을 분해해 식물 영양원으로 제공하고, 뿌리 유출물은(광합성산물의 최대 45%) 미생물의 영양원이 되어 상호공생의 역할을 한다. 실내공기 중 VOC는 근권부 미생물에 의해 제거된다. ④ 증산작용으로 화분 토양 내에 부압이 형성되어 오염된 공기가 이동하면 근권부 미생물과 토양 흡착 등에 의해 제거된다.)

식물 흡수에 의한 실내공기 정화

가. 포름알데히드

포름알데히드는 각종 건축자재나 가구류의 방부제나 접착제 등에서 많이 발생하며 새집증후군의 주요 원인물질로 알려져 있다. 실내식물에 의한 포름알데히드 제거는 기공을 통해 흡수되어 포름산으로 전환되고, 포름산은 다시 이산화탄소로 전환되어 광합성 과정인 캘빈 회로를 통해 당·유기산·아미산 등으로 전환됨으로써 무독화된다. 결국 흡수된 포름알데히드(HCHO)의 탄소(C)는 이산화탄소(CO_2)처럼 대사산물로 이용됨으로써 제거된다. 또한 근권부 미생물의 영양원으로 이용되어 제거된다. 포름알데히드 제거 능력은 양치류가 가장 우수하고, 그 다음이 허브식물, 그리고 자생식물과 관엽식물이었다. 가장 우수한 식물은 고비·부처손(셀라지넬라) 등이었으며 가장 낮은 식물에 비해 약 60배 높았다. 관엽식물 중에서는 디펜바키아가, 지피식물에서는 부처손이 우수했다.

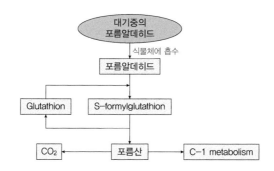

그림 4. 포름알데히드가 식물체 내에 흡수된 후 제거되어 무독화되는 과정

표 1. 식물 종류별 포름알데히드 제거량 및 순위

자생식물	제거량 (ug·m⁻²·cm⁻² leaf area)	관엽식물	제거량 (ug·m⁻²·cm⁻² leaf area)
맥문동	2.58	구아바 'Safeda'	2.04
소나무	2.15	구아바 'Ruby'	1.90
치자	1.77	귤나무	1.58
털머위	1.49	로즈마리	1.38
황칠나무	1.30	디펜바키아	1.08
남천	1.26	싱고니움	1.02
아스플레니움	1.21	안스리움	1.00
나도풍란	0.97	크라슐라	0.99
모람	0.95	클로로피텀	0.98
마삭줄	0.94	미케리아	0.92
황금편백	0.87	켄차야자	0.90
국화	0.75	필로로덴드론	0.89
산호수	0.75	재스민 '폴리안섬'	0.88
차나무	0.70	아레카야자	0.81
팔손이나무	0.67	드라세나 '마지나타'	0.73
멀꿀나무	0.57	애플민트	0.71

양치식물	제거량 (ug·m⁻²·cm⁻² leaf area)
고비	6.37
부처손	4.24
상록넉줄고사리	3.56
푸른발고사리	3.03
봉의꼬리	1.76
반쪽고사리	1.44
섬쇠고비	1.09
돌토끼고사리	1.03
고사리삼	1.00
사자잎봉의꼬리	0.77
엔시포미스	0.67
십자고사리	0.61
일본넉줄고사리	0.59
참지네고사리	0.56
제비꼬리고사리	0.56
봉작고사리	0.54
가지고비	0.50
설설이고사리	0.40
각시고사리	0.39
별고사리	0.39
뉴질랜드산아스플레니움	0.36

허브식물	제거량 (ug·m⁻²·cm⁻² leaf area)
로즈마리	1.05
재스민 삼백	0.42
재스민 폴리안섬	0.84
애플민트	0.89
라벤더	2.12
제라니움	1.87

식물	제거량
소철	0.69
인도 고무나무	0.67
파키라	0.66
재스민	0.65
해마리아	0.51
아글라오네마	0.48
드라세나 '와네키'	0.48
스파티필럼	0.47
행운목	0.46
덴파레	0.45
스킨답서스	0.44
호접란	0.43
쉐프렐라	0.43
관음죽	0.42
아프리칸바이올렛	0.42
심비디움교배종	0.41
아이비	0.41
심비디움	0.41
벤자민 고무나무	0.40
재스민 '마다가스카르'	0.39
아라우카리아	0.39
시클라멘	0.38
칼라데아 '마코야나'	0.38
군자란	0.38
골드크레스트	0.37
산세베리아	0.37
피닉스야자	0.37
칼랑코에	0.32
포인세티아	0.26
호야	0.25
온시디움	0.11

※ 허브식물을 제외하고 엽면적 보정식에 의해 보정된 값임

디쉬가든의 종류에 따라서는 수경재배에 미스트가 들어간 것이 가장 포름알데히드 제거 능력이 우수하고 다음이 토양재배, 그리고 수경재배 순이었다.

그림 5. 디쉬가든의 종류에 따른 포름알데히드 제거 효과의 실험재료

(측정과정(왼쪽 위), 수경재배에 미스트 첨가(오른쪽 위), 토양재배(왼쪽 아래), 수경재배(오른쪽 아래))

나. 휘발성 유기화합물

휘발성 유기화합물(VOCs: Volatile Organic Compounds)은 실온에서 액체로 휘발하기 쉬우며 피부에 잘 흡수되는 성질을 가지고 있고, 특히 새집증후군의 주요 원인물질로 알려져 있다. 건축재료·세탁용제·가구류·카펫접착제·페인트 등에서 주로 방출되며 벤젠·톨루엔·자일렌 등이 대표적인 물질로 실내에서 300~400종류가 검출된다. 휘발성 유기화합물 제거 능력이 우수한 식물은 아레카야자·스파티필럼 등이 있다.

다. 일산화탄소

일산화탄소는 요리할 때 불완전 연소로 인해 발생하기 때문에 사무공간보다는 일반 가정에 많은 무색·무취의 기체다. 호흡기관에 들어가 적혈구의 산소운반 능력을 저하시켜 두통·구토감·호흡곤란을 일으키며 심하면 사망한다. 스킨답서스·안스리움·돈나무·클로로피텀·쉐플레라·백량금 등이 일산화탄소 제거 능력이 우수한 식물이다.

| 스킨답서스 | 안스리움 | 돈나무 |

그림 6. 일산화탄소 제거 능력이 우수한 실내식물

식물 방출물질에 의한 실내공기 정화

가. 음이온

인간은 산소(O_2)와 동시에 산소분자에 있는 음이온(O_2-$(H_2O)_n$)을 흡입함으로써 건강을 유지한다. 인간은 숲에서 살아오는 과정에서 숲의 음이온 양($1cm^3$당 400~1000개, 평균 700개)에 신체가 이온균형을 유지하도록 적응해 왔다. 그러나 산업화 이후 도시화되면서 대기가 오염되었고, 오염물질은 대부분 양이온으로 대전됨으로써 음이온의 비율이 낮아졌다. 자연상태와 가까운 환경에서는 공기 중의 음이온과 양이온의 비율이 1.2 : 1 정도이며, 이에 비해 도시지역이나 오염지역 등은 1 : 1.2~1.5로 양이온 비율이 높은 것으로 알려져 있다.

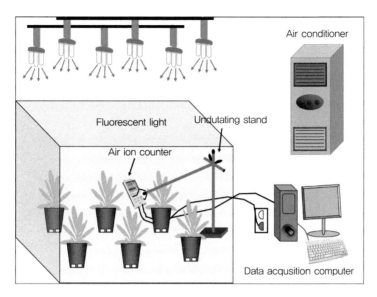

그림 7. 식물의 음이온 발생량 측정

(밀폐된 아크릴 체임버에 화분을 공간 대비 30% 넣고, 음이온 측정기를 이용해 각각의 식물에 대한 음이온 발생량을 측정하는 과정이다.)

(1) 음이온 생성

음이온은 1cm³당 약 30조 개 정도의 대기 분자 중에서 자외선, 우주선이나 지각에서 발생한 각종 방사선에 의해 1만 개 이하의 극히 일부 분자에서 전자가 튀어나와 이온화되는 과정에서 생성된다. 튀어나온 전자는 대기의 78%를 이루고 있는 질소(N_2)에 붙을 확률이 높지만, 21%를 구성하고 있는 산소의 전자 친화력이 질소보다 100배 정도 높기 때문에 일반적으로 산소분자가 음이온이 되고 질소가 양이온으로 대전된다. 또한 물분자가 H^+와 OH^-로 분해되고 OH^-에 물분자가 결합된 $OH^-(H_2O)_n$ 형태로 대전되는 것으로 알려져 있다. 그리고 숲 속은 식물의 광합성작용과 증산작용에 의해 산소와 물분자가 많아 음이온이 많다.

(2) 음이온 효과

실내에서 음이온의 효과는 크게 두 가지로 요약된다. 첫째, 음이온의 전기적 특성에 의한 오염물질 제거. 미세먼지나 화학물질 등 오염물질은 양이온으로 대전되어 서로 밀어내며 공기 중에 떠다니게 된다. 이때 음이온이 공급되면 오염물질은 전자를 얻고 안정화되어 땅으로 떨어짐으로써 제거된다. 둘째, 피부와 호흡을 통해 몸속으로 들어간 음이온에 의한 신진대사 촉진 효과다. 현대인은 양이온이 많은 생활환경에 노출됨으로써 각종 질병이나 스트레스에 시달리고 있다. 따라서 충분한 음이온 공급으로 신체의 이온 불균형에 대한 문제 해결이 필요하다.

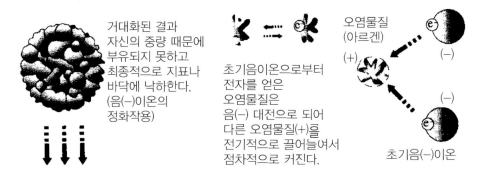

거대화된 결과 자신의 중량 때문에 부유되지 못하고 최종적으로 지표나 바닥에 낙하한다. (음(−)이온의 정화작용)

초기음이온으로부터 전자를 얻은 오염물질은 음(−) 대전으로 되어 다른 오염물질(+)을 전기적으로 끌어늘여서 점차적으로 커진다.

오염물질 (아르겐) (+)

(−)

(−)

초기음(−)이온

그림 8. 음이온에 의한 오염물질 제거 과정

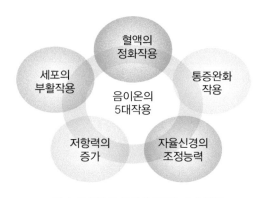

혈액의 정화작용

세포의 부활작용

통증완화 작용

음이온의 5대작용

저항력의 증가

자율신경의 조정능력

그림 9. 음이온이 신체에 미치는 5대 작용

(3) 식물의 음이온 발생

음이온 발생량은 식물 종류별로 차이가 있으며, 공간에 약 30% 정도 화분을 두면 공기 $1cm^3$당 100~400개 정도 발생한다. 음이온을 많이 발생하는 식물은 팔손이나무·스파티필럼·심비디움·광나무 등으로 대체적으로 잎이 크고 증산작용이 활발한 종이다.

팔손이나무   스파티필럼   심비디움

그림 10. 음이온이 많이 발생하는 식물

나. 향(피톤치드)

피톤치드(phytoncide)는 식물을 의미하는 피톤(phyton)과 죽인다는 의미를 갖는 치드(cide)의 합성어. 허브의 잎 등에서 나는 냄새를 향이라고 부르는 반면에 수목에서의 향은 피톤치드라고 말한다. 향의 효능은 쾌적감과 소취·탈취 효과, 항균·방충 효과로 크게 3가지로 구분할 수 있다. 성분은 테르펜류와 같은 휘발성 물질과 알칼로이드·플라보노이드·페놀성 물질 등 비휘발성 물질도 포함한다.

피톤치드의 치드(cide)에서 추측할 수 있듯이 균을 죽이는 항균 효과를 갖고 있어 실내 부유세균의 수를 줄여 실내정화 효과가 있다. 또한 일부 향은 스트레스 호르몬인 코티졸(cortisol)의 농도를 감소시켜 스트레스를 완화시키는 효과가 있다.

다. 실내 온·습도 조절

식물의 기공을 통한 증산이나 식재 용토 표면으로 증발하는 수분에 의해 실내 습도가 조절된다. 실내에 식물을 공간 대비 9%를 두면 약 10%의 상대습도가 증가한다. 대기가 건조하면 증산과 증발량이 증가하고, 습하면 감소하는 자기조절(self-control) 능력이 있다.

증산에 의해 형성되는 공중습도는 완전한 무균상태다. 화분으로 장식할 경우 공기 중의 습도가 높아지는데 잎의 기공을 통한 증산작용이 약 90%, 토양 증발에 의한 것이 약 10%로 대부분 증산작용에 의해 높아진다. 식물의 종류, 배치 방법 및 배치 양에 따라 실내 환경의 온도, 습도가 달라진다.

라. 미세먼지

입자의 직경에 따라 2.5μm 미만의 미세입자와 2.5μm 이상의 거대입자로 분류할 수 있다. 인체 건강에 영향을 크게 미치는 것은 미세입자다. 미세먼지는 약 20~30μm 정도 크기의 식물 기공에 의해 직접 흡수되거나, 잎 표면에 있는 털 등에 흡착되어 제거된다. 또한 일반적으로 플러스(+)로 대전되어 있는 미세먼지는 식물에서 발생한 음이온에 의해 제거되기도 한다.

02 치료적 기능

식물은 그 자체의 감상만으로도 정서적 감흥을 통해 치료적 기능을 갖는 식물치료가 있다. 식물치료에는 식물을 기르고, 꾸미고, 체험하는 과정에서 심신의 건강을 얻는 원예치료(Horticultural therapy)와 꽃치료, 향기치료 등이 있다. 원예치료는 정서적, 사회적 측면뿐만 아니라 야외 활동 및 근육 사용 증가에 따른 운동 근육 기능의 발달 등 신체적인 건강을 도모한다.

꽃치료(Flowertherapy)

꽃치료는 꽃(생화)의 향기·색깔·형태 등이 건강에 영향을 미치는 것을 의미한다. 꽃향기는 향 성분의 입자가 신체로 흡수되어 스트레스 완화·피로회복 등의 효과가 있다. 또한 꽃색은 고유한 파장과 진동수에 의해 인간의 신진대사에 영향을 줌으로써 치료효과를 나타낸다.

가. 꽃 향과 치료

아로마테라피와 꽃치료 효과는 근본적으로 같지만, 아로마테라피는 식물에서 추출한 농축된 방향성 오일(essential oil)을 이용하고, 꽃치료는 생화의 천연 향을 사용하는 것이 다르다. 생화는 향뿐만 아니라 형태나 색깔의 시각 정보가 동시에 자극을 준다. 또한 아로마 오일은 꽃뿐만 아니라 잎·줄기·뿌리 등에서 추출하지만, 꽃 향은 꽃에서 나는 향을 활용한다. 꽃 향에는 스트레스 완화 및 각성 효과 등이 있다. 시험을 치르는 초등학생 교실에 나팔나리 꽃을 꽂아 두고 시험 전후에 타액 속에 스트레스 호르몬인 코티졸 농도를 측정했다. 꽃이 없는 반에서 시험으로 인해 코티졸이 50ng/mL가 증가한 반면 꽃향기가 있는 반에서는 20ng/mL 정도만 증가해 나팔나리 향이 시험과정에서 발생하는 스트레스를 완화시키는 효과가 밝혀졌다.

나팔나리   오리엔탈나리

그림 11. 실험용 쥐에 전기자극 후의 절화향 처리에 따른 반응

(전기자극으로 실험용 쥐에 스트레스를 가한 후 여러 가지 절화를 꽂아 두고 쥐의 혈중 코티졸 농도를 측정했다. 그 결과 꽃이 없는 경우에 비해 나팔나리 · 나도풍란 꽃이 있는 곳에서 각각 100, 50(ng/mL) 감소해 스트레스 완화에 가장 효과적인 식물로 밝혀졌다.)

나. 꽃색치료(Floral color therapy)

색채는 고유힌 피장괴 진동수를 갖는 에너지며, 인간의 신체 장기 기관 또한 장기별로 고유의 주파수를 갖는다. 이러한 화색과 신체의 고유 주파수는 상호 작용으로 인간의 신진대사 작용에 영향을 주는 것을 통해 치료하는데, 이를 꽃색치료라 한다. 꽃의 색은 꽃잎에 포함된 색소의 종류와 양, 표면구조, 투과성에 따라 결정된다. 색소의 종류에는 노랑 · 주황색을 주로 나타내는 카로티노이드, 빨강 · 주홍 · 분홍색을 나타내는 안토시아닌, 흰색 · 크림색을 나타내는 플라보노이드 그리고 잎의 녹색을 나타내는 클로로필(엽록소)이 있다.

다. 꽃색 종류별 효과

(1) 빨강

빨간색은 신경흥분·열정·생명·에너지·피를 나타내며 빈혈·무기력·근육이완·혈액질환·식사가 빨라지는 등의 효과가 있으며, 유해한 경우로는 발열·흥분·고혈압·정서불안 등이다.

(2) 주황

주황색은 행복·기쁨·에너지·사교성·즐거움을 나타내며 면역증진·신장질환·변비·알코올중독 치료 및 식욕을 왕성하게 하는 효과가 있는 반면, 쉽게 화내는 성격, 스트레스 환자에게는 좋지 않다.

(3) 노랑

노란색은 낙관과 질투, 즐거움, 배반의 색, 지혜를 나타내며 소화불량·관절염·류머티즘·간염·당뇨병 등에 효과가 있다. 그러나 유해한 경우는 정신이상·노이로제 등이다.

(4) 녹색

녹색은 생산·희망·자연·신선함·자유·조화와 균형·편안함을 나타내며 효과적인 경우는 시신경·협심증·뼈와 조직의 재생 등이며, 유해한 경우는 스트레스·긴장감·불안증 등이다.

(5) 파랑

파란색은 차가움·정절·정신적 미덕·행복한 상상·외로움을 나타내며 효과적인 경우는 해열·진정효과·히스테리·고혈압·편두통·목질환·대머리 등이고, 유해한 경우는 근육의 수축·저혈압·우울증·좌절감 등이다.

(6) 보라

보라색은 권력·예술적 영감·마법·페미니즘·자유분방을 나타내며 효과적인 경우는 불면증·편두통·호르몬질환·신경정신질환·다이어트·간질 등이고, 반면 유해한 경우는 정서불안·불안 등이다.

향기치료(Aromatherapy)

향(aroma)과 치료(therapy)의 합성어로 잎·줄기·꽃·뿌리 등에서 추출한 방향성 오일(essential oil)을 이용한다. 향기치료는 면역기능 향상, 건강 유지 및 증진을 도모하는 순수 자연요법이다. 공격적인 서양의학의 부작용과 화학성분의 중독증으로 인해 자연에 의한 치유나 관리를 선호하는 경향이 늘어나면서 인기 있는 대체요법 중 하나다.

가. 향기의 효능

향 성분은 후각신경을 통해 뇌의 변연계에 직접 영향을 미친다. 변연계는 인간의 감정과 정서, 마음을 조절하는 역할을 담당하고 있다. 향 성분이 정신과 감정을 조절하며 소화기관, 생식기관까지 도달해 생리적 반응을 일으킨다. 따라서 향을 흡입하면 정신과 신체가 모두 활력을 얻어 신체의 면역체계가 강화된다. 또한 집중력 향상과 기억력에 도움을 주며 피로회복과 스트레스 감소에도 효과적이다.

나. 향기치료 방법

향기치료 방법은 흡입법·마사지법·목욕요법·습포법이 주로 이용되며 그 외에도 스팀법·스프레이법·가글링법 등이 있다. 흡입법은 램프 또는 컵의 뜨거운 물에 2~6방울의 에센셜 오일을 떨어뜨려 증발시켜서 흡입하는 방법이며, 마사지법은 아로마 오일로 피부를 마사지하는 것으로 정유 성분이 1시간 이내에 혈액순환계에 침투되어 스트레스 완화와 근육의 피로를 풀어준다. 목욕요법은 욕조의 따뜻한 물에 정유를 8~15방울 떨어뜨리고 15~20분 정도 몸을 담그면 코와 피부로 향유의 분자가 흡입되어 혈액순환에 도움을 준다. 습포법은 정유 향을 우려낸 물에 습포를 담가 짠 후 환부에 놓으면 근육통이나 멍든 데, 급·만성 질환 치료 시 효과적이다.

03 기능성에 따른 배치

장식공간 특성

일반 가정에서는 베란다가 가장 광량이 많은 곳이지만 햇빛이 있는 여름철과 겨울철 등에 온도변화가 가장 심하고 건조한 공간이다. 그러나 광이 부족한 실내공간을 고려할 때 가정에서 식물을 기르기에 가장 적합한 장소다. 거실의 광량은 보통이지만 사람이 가장 많은 시간을 보내는 공간으로 반드시 식물을 필요로 하는 공간이다. 부엌은 광이 부족하고 화장실은 광이 거의 없고 통풍이 불량해 식물을 두기에는 적합하지 않은 공간이다. 그러나 광순화가 잘된 식물의 경우 2개월 정도는 견디는 경우가 많다.

장식 시 고려할 환경조건

가. 광 환경

광은 광합성에 필요한 중요한 에너지원으로 적당한 빛이 실내식물 배치 시 가장 우선적으로 고려되어야 한다. 실내 햇빛은 유리창을 투과하고 주변의 가구나 나무에 반사되어 실내로 들어오면서 현저히 약해진다. 실내 조도는 보통 1,000Lux(실외 조도 : 2만~10만Lux) 이하로, 창가의 경우에도 5,000Lux 이하가 보편적이다. 형광등이나 백열등의 경우도 햇빛처럼 식물의 광합성에 이용된다. 아파트의 경우 베란다·거실·부엌·화장실 순으로 광도가 낮아진다. 식물별로는 꽃보기 식물이 가장 많은 광을 필요로 하며 그 다음은 허브식물·자생식물·관엽식물 순이다. 화원에서 구입한 식물을 실내에 배치할 때 가장 큰 환경 변화는 광 환경이다. 따라서 식물이 광에 적응하도록 베란다에 3~4주, 창가에 1~2주를 둔 후에 실내 공간별로 배치하는 것이 좋다.

표 2. 광도에 따른 식물 반응

조직의 형태	실내(저광도)	온실(고광도)
잎 크기	넓음	좁음
엽색	짙음	옅음
엽 두께	얇음	두꺼움
줄기	마디 김	마디 짧음
엽록소	많음	적음
꽃	수와 향 감소	수와 향 증가

저광도의 실내   고광도의 온실

그림 12. 관음죽의 광이 적은 실내와 광이 많은 온실에서 재배 시 형태적 변화

나. 온도 환경

가정에서 난방이 되지 않는 베란다는 겨울철 온도가 낮지만, 그 외에 실내에서는 공간별로 온도차이가 크지 않은 것이 일반적이다. 사무실의 경우 겨울철 밤에는 난방기를 가동하지 않는 경우가 많아 식물 배치 시 고려되어야 한다. 식물은 원산지에 따라 적정 온도가 다르다. 관엽식물은 대부분 열대나 아열대가 원산지로 겨울철에도 12℃ 이하로 내려가지 않도록 관리하는 것이 좋다. 겨울에 난방이 되

지 않는 베란다에는 관엽식물을 두지 말고 실내로 들여 놓아야 하며 자생식물이나 개화를 위해 저온이 요구되는 식물을 두어야 한다.

다. 습도 환경

공중습도는 실내온도가 올라가면 더욱 낮아진다. 특히 겨울철 난방으로 인해 온도가 올라갈 경우 실내습도가 더욱 낮아진다. 따라서 자주 물을 뿌려주거나 화분을 서로 모아 두는 것이 좋다. 실내공간별로 공중습도는 큰 차이가 나지 않지만 화장실이 높고 베란다가 약간 낮다. 건조한 곳은 선인장·다육식물을 기르기 적합하고, 습한 곳은 부드러운 잎을 가진 관엽식물·난류·양치류 등의 식물이 적합하다.

라. 평면

방이나 베란다의 바닥을 이용하는 장식으로 가장 일반적이며 또한 가장 안정감 있는 장식방법이다. 시야보다 식물이 아래에 놓이므로 작은 화분부터 키가 큰 식물까지 폭넓게 사용된다.

마. 입체

실내의 천장이나 장식품을 활용해 실내공간을 입체적으로 꾸미는 방법이다. 천장에 매단 양치류나 덩굴성 식물은 실내에 동적이고 입체적인 즐거움을 준다. 식물을 시야보다 높게 매달지 않는 것이 좋으나, 사람의 동선을 방해하거나 머리에 부딪히지 않도록 한다. 식물은 늘어지는 덩굴성 식물이 좋다.

바. 벽면

벽면 장식은 단조로운 실내에 입체감을 가져와 한층 더 부드러운 실내공간을 연출하며 효율적인 공간활용이 가능하다. 최근에는 다양한 벽면 장식 제품이 개발되고 있다. 식물이 시야와 수평으로 벽면에 장식되기 때문에 큰 것보다는 작은 화분이 유리하다.

그림 13. 벽면과 평면을 활용한 소형 화분 장식

생활공간 배치의 실제

아파트 108m²에서 거실 넓이가 약 20m²이며 이 공간에 거주하는 사람이 실질적인 새집증후군 완화 효과를 보기 위해서는 화분을 포함한 식물의 높이가 1m 이상인 큰 식물일 경우 3.6개, 중간 크기의 식물은 7.2개, 30cm 이하 작은 식물은 10.8개를 놓아야 한다.

가. 거실, 베란다

거실은 온 가족이 사용하는 주요 활동공간이다. 따라서 그 어떤 공간보다 공기정화 기능이 뛰어나야 하며, 공간도 넓기 때문에 식물의 크기도 1m 정도로 큰 것이 좋다. 거실에 좋은 공기정화식물로는 아레카야자·인도 고무나무·드라세나·디펜바키아 등이 있다. 베란다에는 휘발성 유해물질(VOC) 제거능력이 우수한 식물 중에서 특히 햇볕을 많이 필요로 하는 식물로 꽃이 피는 식물이나 허브류·자생식물 등을 배치하는 것이 좋다. 이러한 식물로는 팔손이나무·분화국화·시클라멘·꽃베고니아·허브류 등이 있다.

그림 14. 거실에 배치된 화분(왼쪽) 및 실내정원용 공기청정기(오른쪽)

(실내정원용 공기청정기는 공기정화식물로 만든 실내정원과 공기청정기 기능을 플라워박스 안에 넣어 공기를 순환하도록 한 제품)

나. 침실

침실은 하루의 피로를 풀고 수면을 취하는 매우 중요한 장소다. 밤에 공기정화를 할 수 있는 식물을 배치해야 한다. 침실에 맞는 식물로는 호접란, 선인장, 다육식물 등이 있다. 이들 식물은 탄소동화작용을 밤에 하기 때문에 밤에 이산화탄소를 흡수하는 식물이다.

다. 공부방

공부방은 아이들이 생활하고 성장하는 가장 중요한 공간으로 음이온이 많이 발생하고 이산화탄소 제거 능력이 뛰어나며, 기억력 향상에 도움을 주는 물질을 배출하는 식물을 둔다. 공부방에 좋은 식물로는 팔손이나무·개운죽·로즈마리 등이 있다. 발생된 음이온은 이동거리가 짧기 때문에 책상 위 등 가까운 곳에 두는 것이 좋다.

그림 15. 공부방에 배치된 식물

(공부방에는 작은 식물을 사람 가까이에 배치함)

라. 주방

주방은 가족들의 먹을거리를 만드는 공간으로 가스레인지를 사용해 요리하기 때문에 다른 곳보다 이산화탄소와 일산화탄소의 발생량이 많다. 또한 거실보다 어둡기 때문에 음지에서도 잘 자라는 식물을 놓는 것이 좋다. 주방에 좋은 식물로는 스킨답서스·안스리움 등이 있다.

그림 16. 주방에 배치된 식물

마. 화장실

화장실에는 각종 냄새와 암모니아 가스를 제거하는 능력이 뛰어난 식물인 관음죽·테이블야자 등을 두는 것이 좋다. 관음죽은 암모니아를 흡수하는 능력이 뛰어난 식물이다.

그림 17. 어둡고 좁은 화장실에 적합하도록 설계된 화분

(화분에는 LED광이 설치되어 있고, 벽의 모서리에 부착하도록 고안된 제품)

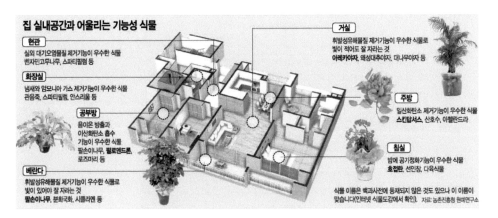

집 실내공간과 어울리는 기능성 식물

현관
실외 대기오염물질 제거기능이 우수한 식물
벤자민고무나무, 스파티필럼 등

화장실
냄새와 암모니아 가스 제거기능이 우수한 식물
관음죽, 스파티필럼, 안스리움 등

공부방
음이온 방출과
이산화탄소 흡수
기능이 우수한 식물
팔손이나무, 필로덴드론,
로즈마리 등

베란다
휘발성유해물질 제거기능이 우수한 식물로
빛이 있어야 잘 자라는 것
팔손이나무, 분화국화, 시클라멘 등

거실
휘발성유해물질 제거기능이 우수한 식물로
빛이 적어도 잘 자라는 것
아레카야자, 왜성대추야자, 대나무야자 등

주방
일산화탄소 제거기능이 우수한 식물
스킨답서스, 산호수, 아렐란드라

침실
밤에 공기정화기능이 우수한 식물
호접란, 선인장, 다육식물

식물 이름은 백과사전에 등재되지 않은 것도 있으나 이 이름이
맞습니다(인터넷 식물도감에서 확인). 자료: 농촌진흥청 원예연구소

그림 18. 기능성에 따른 생활공간별 식물 배치

(거실, 주방, 침실 등 생활공간은 각각 사용목적이 다르고, 또한 식물을 기르기 위한 광 등의 환경조건도 차이가 있다. 이러한 공간별 특성을 고려해 공기정화 효과가 우수한 기능성 실내식물을 배치하는 것이 좋다.)

참고문헌

이종석 외 2명, 1997, 실내조경학, 조경

김광진 외 다수, 2003, 생활원예, 농촌진흥청

김광진(역), 2005, 새집증후군을 치유하는 실내공기정화식물 50가지, 중앙생활사

손기철 외 6명, 1997, 원예치료, 서원

서정근 외 4명, 2000, 원예치료학, 단국대학교출판부

제**3**장

화훼장식의 분류

1. 절화 장식의 분류
2. 분식물 장식의 분류

화훼장식은 식물 특성에 따라 절화 장식과 분식물 장식으로 나눌 수 있으며, 장식물의 배치공간에 따라 실내장식과 실외장식으로 나눌 수 있다. 절화는 꽃이 시들 때까지 한시적인 장식이 이루어지는 반면, 분식물은 한시적으로 이용되기도 하지만 지속적으로 생장하기 때문에 장식 후 지속적 혹은 영구적으로 유지될 수 있도록 해야 하므로 절화 장식과 분식물 장식은 상당한 차이를 보인다. 이러한 절화 장식의 한시적 이용을 보완하기 위해 다양한 가공기술을 통한 가공소재 제작 및 가공소재를 이용한 장식기법 분야가 확대되고 있다.

절화 장식은 꽃이 주소재로서 화려한 색과 섬세한 아름다움을 보여주며, 분식물 장식은 다양한 규모와 용도로 이용되고 있다. 이러한 절화와 분식물을 이용한 화훼장식은 다양하게 표현되고 광범위하기 때문에 충분한 이해를 위해 적절한 분류가 필요하다.

01 절화 장식의 분류

절화 장식은 실내공간을 중심으로 다양한 용도로 이루어지며 장식기간이 한시적이다. 이러한 시간제약을 보완하고자 가공소재를 이용한 절화 장식 분야가 확대되고 있다. 절화 장식은 공간 전체의 구성보다는 개개 장식물을 기준으로 절화 상태·형태적 특성·용도·표현양식·줄기배열·구성형식 측면에서 분류해 볼 수 있다.

절화의 상태에 의한 분류

절화 장식의 절화는 그 상태에 따라 생화와 건조화로 나눌 수 있으며, 조화까지 포함할 수 있다. 생화의 신선함은 매우 아름다우나 지속성이 짧은 단점이 있다. 이러한 단점을 극복한 건조화는 생화와는 다른 아름다움을 지니고 있어 화훼장식에서 중요한 역할을 하고 있다. 특히 다양한 식물건조 및 가공기술은 생화와 거의 비슷한 형태와 색상을 가진 건조화 생산을 가능하게 만들었다. 뛰어난 건조화 생산에 따라 생화 대신 이용이 가능하며, 특성에 따라 장식기법과 용도가 다양해지고 있다. 건조화 외에도 천·플라스틱·유리·종이 등으로 만들어진 조화가 생화 대신 이용되며 그 특성에 따라 다양한 기법과 용도로 장식에 이용되고 있다.

형태적 특성에 의한 분류

절화를 다양한 기법으로 배열해 용도에 맞는 특정한 형태를 만들어낸 것이 절화 장식물로서 이러한 조형기법의 특성에 따라 꽃꽂이(flower arrangements), 꽃다발(bouquet), 리스(wreaths), 갈란드(galands), 형상물(figure), 콜라주(collage), 대형 장식물, 압화장식(pressed flower), 포푸리(potpourri) 등이 있다. 이 중 압화와 포푸리는 가공 소재로 제작되며, 그 외 절화 장식물은 생화·건조화·조화 등소재의 제약 없이 제작될 수 있다. 꽃송이나 꽃잎만을 이용해 제작하기도 한다. 최근에는 절화를 이용하는 예술적 조형물들이 많이 소개되고 있다.

그림 1. 가공소재를 이용한 꽃다발 상품

그림 2. 공간에 이용된 화훼장식 조형물

그림 3. 잎 소재를 이용한 리스 상품

그림 4. 절화 소재를 이용한 오브제 제작

용도에 의한 분류

이용목적에 따라 생활공간 장식용, 축하용, 결혼식과 장례식 등의 행사용, 디스플레이용, 전시회용 등으로 나뉠 수 있다. 용도별 절화 장식에는 꽃꽂이·꽃다발·리스 등의 형태가 단독 혹은 혼합되어 이용된다. 이들 장식물은 분식물과 적절한 조화를 이루게 된다. 국내 절화 장식은 주로 출하용이나 행사용으로 이용되어 왔지만 경제수준이 높아질수록 생활공간 장식의 비중이 높아질 것으로 기대된다. 용도에 따른 절화 장식은 형태적 특성과 규모에 있어 매우 다양하게 이루어질 수 있다.

표현양식에 의한 분류

모든 문화는 환경 · 종교 · 풍습 등에 따라 영향을 받으며 형성된다. 인간 생활과 밀접한 꽃 장식에 있어서도 그 나라가 가지는 풍습이나 환경에 따라 독특한 양식의 문화로 정착되고 계승되어 왔다. 절화 장식을 표현양식으로 살펴보았을 때, 시대적 특성에 따라 전통식(traditional style)과 현대식(contemporary style)으로 나눌 수 있으며, 국가별 특성에 따라 동양식(oriental style) · 서양식(western style) · 한국식(korean style) · 유럽식(european style) · 일본식(japanese style) 등으로 나눌 수 있다. 교통 · 통신의 발달로 오늘날 절화 장식은 여러 나라의 전통적 양식이 혼합되어 독특한 현대적 양식으로 발전하고 있으며, 국내에서도 실용적 목적에 의한 장식에서 벗어나 예술적 차원으로 발전하고 있다.

줄기배열에 의한 분류

절화 장식물의 조형 특성은 절화의 선적인 요소(절화 줄기)를 적절하게 배열해 수분의 흡수와 동시에 아름다운 형태가 이루어지게 한다는 점일 것이다. 각각의 절화 줄기가 이웃하는 줄기와 어떠한 관계에 있느냐에 따라 그 형태와 구성이 달라진다. 대부분 절화 장식물의 줄기는 방사선 · 병행선 · 교차선 · 감는선의 모양으로 배열되며, 줄기를 짧게 잘라 꽃으로만 배열하기도 한다.

가. 방사선 배열(radial arrangement)

방사선 배열은 모든 절화 줄기의 선이 한 개의 초점에서부터 부챗살처럼 여러 방면으로 전개되거나, 한 점을 향해 모여오는 것과 같이 구성되는 줄기배열 방법이다. 대부분 전통적 양식의 꽃꽂이와 꽃다발은 방사선의 줄기배열로 이루어져 있다. 방사선 방향은 각 식물의 고유함을 살려 움직임에 따라 여러 가지 변형이 가능하다. 방사선은 밖으로 벌어짐, 세 선으로 갈라짐, 흐르는 선 등이 있다.

나. 병행선 배열(parallel arrangement)

병행선 배열은 여러 개 초점으로부터 나온 줄기의 배열이 모두 같은 방향으로 일정한 간격으로 뻗어 있는 것이다. 수직, 수평, 사선 등의 방향, 직선과 곡선의 형태, 대칭형 또는 비대칭형으로도 구성할 수 있다. 현대식 디자인에서 자연적 분위기의 꽃꽂이 구성을 할 때 많이 이루어지고 있다.

다. 교차선 배열(crossing or overlapping arrangement)

교차선 배열은 여러 개의 초점에서 나온 줄기의 선이 제각기 여러 각도의 방향으로 뻗어나가며 서로 교차하는 상태로 줄기가 배열된 것이다. 교차선의 아름다움을 강조한 구성이나 이것의 변형, 복합형이 많아 병행선에서 분리해 다루고 있다.

라. 감는선 배열(winding arrangement)

감는선 배열은 교차선 배열에서 발전된 형으로 서로 구부려져 휘감기는 유연한 선의 흐름으로 이루어진다. 특히 구조적 구성의 골격 구성에 많이 쓰이며 덩굴식물의 긴 줄기를 휘감아서 만드는 것이 일반적이다. 줄기가 잘 휘는 절화류를 구부려 이용하기도 한다.

마. 줄기배열이 없는 구성(free line arrangement)

절화 줄기가 일정한 규칙 없이 배열되거나 짧게 잘라 꽃송이나 꽃잎만으로 구성하는 것으로 목걸이처럼 엮거나 플로랄 콜라주처럼 편평한 물체에 풀로 붙이는 방법으로 제작한다.

바. 구성형식에 의한 분류

다양한 요소들이 결합되어 이루어진 전체를 말한다. 절화 장식 대부분은 절화를 주소재로 절엽과 그 외 부소재들을 혼합해 제작하므로 각 소재들의 분류와 조화에 따라 구성 특성이 결정된다.

사. 장식적 구성(decorative composition)

장식적 구성은 식물이 자연의 식생에서 보여주고 있는 모습과 관계없이 디자이너의 의도에 따라 소재를 자유롭게 인위적으로 구성해 장식성이 높은 형태를 구성하는 것이다. 개개의 꽃의 독자적인 매력보다는 전체적으로 풍성한 부피감과 호화롭고 역동적인 효과를 나타내는 전체의 한 부분으로 배열된다. 절화 장식에서 가장 먼저 만들어진 구성으로 전형적인 형태는 대칭형의 방사선 줄기배열인데 현재에도 많이 쓰이고 있다.

아. 식생적 구성(vegetative composition)

식생적 구성은 식물의 생리, 생태적인 면을 고려해 식물이 자연상태에서 살아 있는 것과 같은 형태로 구성하는 것이다. 그러나 디자이너의 해석에 의해 자연을 장식물 속에 재구축해 새로운 질서를 표현하는 구성방식이며 완전한 자연의 모방을 추구하는 것은 아니다. 식생적 구성에는 전통적인 한국식 꽃꽂이가 있으며, 외국의 경우 1950년께 독일의 플로리스트들이 자연으로 눈을 돌리면서 오랫동안 이용해 온 장식적 구성에 대항해 생겨난 개념이다. 디자이너의 자유로운 의도로 디자인하는 장식적 구성과는 분명히 대비되는 구성이며, 현대적 양식의 기본 형태라고 말할 수 있다.

자. 구조적 구성(structural composition)

구조적 구성은 장식적 구성이 발전되어 나타난 새로운 현대적 구성으로 각각의 소재가 가지고 있는 형태·크기·색·재질감뿐만 아니라 소재의 배열이 나타내는 표면의 조직이나 구성, 재질감에 따른 구조 효과를 부각시키는 구성방법이다. 구조적 구성에서는 다양한 표면을 가진 개개의 꽃이나 잎이 모여서 형성된 구조가 두드러져 보인다. 소재를 강조하기 위해 천·철사·털실·깃털·유리구슬 등 질감이 분명한 인공소재를 식물소재와 조합해 이용하기도 한다.

차. 형-선적 구성(fromal-line composition)

형-선적 구성은 각 식물 소재가 가지고 있는 형과 선이 대비되어 강조되는 구성으로 소재의 형태와 줄기가 가진 특성이 잘 나타난다. 형태와 동적 특성이 잘 나타나도록 형과 선을 명확히 표현하는 구성이며 소재의 사용을 최소화해 소재 간의 긴장감이 두드러지도록 한다. 이 구성형식은 1960년대 중반에 나타나 1970년대 성행했다. 특히 형태와 선의 표현을 위해 넓은 공간을 두어 구성하는데, 선과 공간 처리에 익숙한 전통적인 한국식 꽃꽂이와 유사한 점이 있어 응용하기가 쉬우나 이용빈도는 낮은 구성양식이다.

카. 오브제적 구성(objective composition)

오브제적 구성은 다른 소재와 조합해 그 형이나 색채, 질감의 대비나 조화 등에 의해 순수한 구성미를 가진 형태로 표현하는 것으로 본래의 용도나 기능을 벗어나 상징적인 예술로서 표현되는 것이다. 나무·쇠·철사·콘크리트·석고·플라스틱 등 이질적인 재료와 기성품으로 만들어진 제품들을 이용해 절화 또는 식물과 함께 디자인하는 것으로 디스플레이용이나 전시회 작품용으로 많이 이용되는 구성양식이다.

타. 평면 구성

절화 장식은 대부분 입체 구성이지만 평면 구성도 가능하다. 이러한 평면 구성도 공간적으로 분명히 깊이가 있으나 매우 사소하기 때문에 깊이로서의 의미를 두지 않는다. 나무 등으로 만들어진 틀이나 골조 안에 생화 또는 가공건조소재를 붙여 구성하는 것으로 생화나 가공건조소재를 이용한 플로랄 콜라주와 압화를 이용한 평면 구성 등이 있다.

그림 5. 건조소재를 이용한 절화 장식

그림 6. 압화 장식

그림 7. 토피어리 장식

그림 8. 센터피스 장식

그림 9. 구조적 구성

그림 10. 토피어리 장식

02 분식물 장식의 분류

분식물은 지속적 혹은 영구적으로 이용할 수 있으므로, 분식물 장식에 있어 배치되는 장소의 환경조건이 매우 중요하다. 특히 실내외 공간의 환경조건은 매우 다르므로 장소에 따라 선택되는 식물의 종류와 이용기간·형태·관리방식 등이 달라지며, 분식물 장식의 구성형태와 표현양식 또한 달라지게 된다. 여기에서는 분식물 장식이 배치되는 장소에 따라 실내장식과 실외장식으로 분류해 설명했다.

실내장식

분식물은 기본적으로 식물과 용기, 토양으로 이루어진다. 실내공간에 배치되는 분식물 장식은 용기의 다양한 크기·형태·색상·재질과 선택된 식물의 종류·크기·수, 이용되는 첨경물에 따라 다양하게 표현될 수 있다. 이들이 배치되는 실내공간의 용도, 시각적인 환경조건, 식물 생육을 위한 환경조건, 디자이너·의뢰인 또는 이용자의 취향에 따라 다양하게 표현될 수 있다.

가. 규모에 따른 분류

용기와 식물의 크기, 식물 수에 따라 소형에서 대형, 단일배치에서 반복배치, 많은 수의 분을 배치해 장식하는 컨테이너 정원과 대형 플랜터(planter)에 식물을 심어 수림을 형성한 실내정원까지 다양한 규모로 이루어진다.

나. 용도에 따른 분류

실내에 이용하는 분식물 장식은 단독주택·아파트·주말주택 등 주거용 건물이나 사무실·학교·관공서·박물관·미술관·방송국·병원·공항·연구소 등 업무용 건물, 쇼핑센터·호텔·은행·레스토랑·카페 등 상업용 건물 내에서 이루어지며, 건물의 용도와 특성에 따라 다양한 방식으로 표현되고 이용된다. 분식물 장식은 또한 그 이용목적에 따라 생활공간 장식을 기본으로 축하용·행사용·디스플레이용·전시회 등으로 나누어 볼 수 있다.

다. 표현양식에 따른 분류

절화 장식과 마찬가지로 그 나라의 문화적 특성에 따라 표현양식이 달라지게 된다. 표현양식은 크게 동양식과 서양식으로 나누어 볼 수 있으며 한국·일본·미국·유럽 등 나라마다 독특한 양식을 찾아볼 수 있다. 한국의 분재나 분경같이 역사적으로 오랜 기간 이용되어온 분식물은 자연의 모습을 연상시키는 동양적 표현양식을 보이고 있으며, 최근 현대식 건물에 도입된 실내정원의 경우 건물 양식과 어울리는 정형적인 서양식 표현이 이루어지는 경우가 많다. 분식물 장식은 분식물 생산조건이나 선호도에 따라 표현양식이 특색을 보이고 있으며, 최근 한국의 분식물 장식에 있어서도 유럽식 표현양식이 도입되고 있다.

라. 형태적 특성에 따른 분류

다양한 형태와 크기, 구성양식으로 이용되고 있으며, 역사적으로 유행한 형태에 따라 특정 이름을 가지고 있는 경우도 있다. 형태적 특성에 따라 다음과 같이 분류할 수 있다.

(1) 다양한 분식물 장식
용기의 형태·크기·색상·재질·배수구 유무, 식물의 종류·크기·수량·배치방법에 따라 다양한 크기와 형태, 구성으로 제작할 수 있다. 배치되는 공간의 특성과 디자이너 혹은 이용자의 선호도에 따라 표현양식에 제한받지 않고 다양하게 장식될 수 있다.

(2) 디쉬가든(dish garden)

접시처럼 넓고 깊이가 얕은 용기에 키가 작고 생육속도가 느린 식물을 심어 작은 정원을 만든 것이다. 고목이나 돌 등을 잘 배치하고 선인장과 다육식물을 이용한 디쉬가든은 관리가 쉬우며 독특한 분위기를 연출할 수 있어 많이 이용되고 있다. 따로 배수구가 없으므로 수분에 대한 요구도가 낮은 식물을 주로 이용하게 된다.

(3) 테라리움(terrarium), 비바리움(vivarium), 아쿠아리움(aquarium)

테라리움은 밀폐된 유리용기 속에 토양층을 만들고 천천히 자라는 식물을 식재해 만든 것으로 유리용기의 대량공급이 가능하게 되면서 실용화되었다. 1842년 와디안 케이스(wardian case)라는 형태로 유럽에서 처음 알려졌으며, 우리나라에서는 1980년대 대중화하기 시작했다. 최근에는 관리의 편리성을 위해 완전밀폐시키지 않은 개방형 테라리움이 이용되고 있으며, 병 모양의 유리용기에 심은 것을 바틀가든(bottle garden)이라 부르기도 한다.

비바리움은 테라리움이 변형된 것으로 식물을 심은 유리용기 속에 도마뱀·카멜레온·이구아나 등 파충류가 함께 생활하도록 만든 것이다.

아쿠아리움은 수족관을 의미하지만 테라리움처럼 유리용기 속에 식물을 심고, 물을 부어 연못을 만들어 거북이나 물고기를 넣어 함께 키우는 것으로 물속에는 시페루스·워터레투스(water lettuce)·샐비니아(Salvinia)와 같은 수생식물을 식재한다.

(4) 걸이분(hanging basket)

바구니를 비롯한 가벼운 용기에 덩굴성 식물, 잎이 아름답고 길게 늘어지는 식물, 꽃이 아래를 향해 피는 식물 등을 심어 아래로 늘어뜨리면서 매달아 키우는 형태의 분식물을 말한다. 걸이분은 입체적인 장식을 요하는 공간이나 좁은 공간에서 이용하면 그 효과를 높일 수 있다. 오랫동안 이용되어온 형태로 다양한 걸이용 용기가 개발되면서 새로운 양식의 걸이분을 이용한 장식이 많이 이루어지고 있다. 걸이분에 이용할 수 있는 식물로는 신답서스·싱고니움·트라데스칸티아·아이비·러브체인·방울선인장 등과 같은 덩굴성 식물, 조란·바위취 등과 같이 포복줄기에 어린 식물체가 달리는 식물, 페튜니아·콜룸네아 등과 같이 위로 자라는 식물보다는 옆으로 퍼지거나 아래로 늘어지며 꽃이나 잎이 무성한 식물이 적합하다.

(5) 토피어리(topiary)

분식물 장식에서 토피어리는 용기에서 자라는 식물을 동물 모양이나 구형으로 전정해 형태를 만들거나 철사나 나뭇가지를 이용해 만든 틀을 용기에 부착한 뒤 푸밀라 고무나무·아이비·러브체인 등과 같은 덩굴식물을 심어 틀의 형태로 유인해서 독특한 형태로 키워 감상하는 분식물을 말한다.

(6) 착생식물 붙이기

파인애플과 식물이나 난과 식물 같은 착생식물을 나뭇가지나 돌에 붙여 용기에 담거나 매달아서 장식에 이용하는 방법이다. 착생식물이 자연상태에서 바위나 나뭇가지, 다른 식물체 등에 붙어서 자라는 점에 착안해 장식에 이용한 것으로 틸란드시아속 식물이나 나도풍란·석곡 등 착생란 등이 많이 이용된다.

(7) 수경재배

본래 수경재배란 물만 이용하거나 수용성 비료를 공급해 식물을 기르는 방법을 의미했으나, 토양 대신 식물을 지지할 수 있는 배지와 물을 넣어 인위적으로 양분을 공급하면서 식물을 재배하는 방법으로 이용되고 있다. 천남성과 식물, 닭의장풀과 식물, 조란 등을 비롯한 대부분의 관엽식물은 수경재배에 적합하며, 시페루스·워터레투스 같은 수생식물을 이용한 연못 구성까지 포함시킬 수 있다. 물 대신 전분물질을 채우거나 유리용기에 아름다운 색자갈이나 구슬을 넣어주면 식물을 지지하는 역할과 장식적 역할을 동시에 얻을 수 있다. 초봄에 히야신스·수선화·크로커스·아마릴리스 등 추식구근류를 이용한 수경재배가 많이 이루어진다.

(8) 실내정원(indoor garden)

실내정원은 분식물을 반복적으로 배치해 컨테이너 정원으로 이루어지기도 하며, 건축물에 부착된 플랜터(planter)에 식물을 심어 플랜터 크기에 따라 소규모에서 아트리움에 조성된 대규모 수림(樹林)까지 다양한 규모로 이루어진다. 역사적으로 영국의 빅토리아시대부터 열대·아열대 원산의 관엽식물 수집이 활발히 이루어지고, 용기에서 재배하면서 실내정원이 발전하는 계기가 되었다. 이후 난방시설의 발달과 유리 건축기술의 발달로 실내에 햇빛을 유입하고, 온도를 일정하게 유지하게 되면서 실내정원이 급속히 발달할 수 있게 되었다. 주거환경의 변화와 아파트·호텔 등 현대식 대형 건물의 발달로 건물 내의 특색 있는 공간 장식과 휴식공간 확보를 위해 실내정원이 필수적인 요소로 자리 잡게 되었다. 이러한 실내정원은 대부분 열대·아열대 원산의 관엽식물로 구성되고 있다.

실외장식

실외공간에 이용되는 분식물 장식은 유리용기나 배수구가 없는 분식물 장식만 제외하면 실내용과 비슷한 형태로 이용되며, 특히 한국의 전통적인 분재(盆栽)나 분경(盆景)을 비롯해 꽃피는 식물이 주요 소재인 분화, 분식 토피어리, 분식 허브 등이 많이 이용된다. 실외공간은 실내와는 달리 자연환경에서의 식물 생육환경을 가지고 있으므로 식물의 선택과 관리 요령이 달라지게 된다. 실외공간의 분식물 장식은 대부분 건물에 대한 이미지 부여를 위한 장식적 목적과 이용자의 휴식공간 제공의 목적으로 이루어지는 경우가 많으므로 실외공간에서의 분식물 장식의 기능적 측면을 잘 고려하도록 한다.

건물에 연결되어 있는 실외공간에 분식물을 이용해 다양한 형태의 정원을 구성해 볼 수 있다. 특히 충분한 공간 확보가 어려운 도시환경에서 일반적인 정원보다는 창문·현관 앞·발코니·베란다·테라스·파티오·옥상 등의 공간에 분식물을 배치하거나 플랜터를 이용해 식물을 심어 정원을 조성하는 경우가 많다. 분식물 장식이 이루어지는 장소에 따라 실외장식을 분류해 보았다.

그림 11. 후주연결형　　　　그림 12. 전후주연결형　　　　그림 13. 철재 후주연결형

그림 14. 컨테이너 정원

그림 15. 건물 앞 실외장식

그림 16. 현관 앞 정원

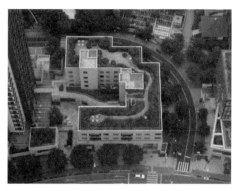

그림 17. 대형 건물의 옥상정원

그림 18. 도로변의 컨테이너

그림 19. 창문 앞 정원

그림 20. 어린이 정원의 토피어리

그림 21. 주택 현관 앞 정원

그림 22. 호텔의 옥상정원

그림 23. 대형 건물앞 컨테이너정원

그림 24. 파티오 정원

가. 창가정원(window garden)

광선이 들어오는 창문가의 공간, 즉 선반이나 창틀에 걸이분을 매달거나 분식물을 배치해 작은 정원을 형성할 수 있다. 분식물은 유리용기를 이용한 테라리움·비바리움·아쿠아리움을 제외하곤 실내용 분식물 장식과 비슷한 형태로 이루어진다.

나. 현관 앞 정원

주거용 건물이나 상업용·업무용 건물의 현관 앞에는 거의 필수적으로 분식물이 배치되는 것을 볼 수 있다. 이러한 분식물을 장식함으로써 아름다운 환경을 조성해 건물의 이미지 형성에 큰 기여를 하고 있다. 이때 사용되는 컨테이너의 색상·재질·형태 등에 따라 건물과의 미적 조화를 통해 일체된 아름다움을 부여하기도 한다. 또한 상업용·업무용 건물의 공공성을 확대해 보행자들에게 열린 공간 혹은 휴식공간으로의 역할을 하기도 한다.

다. 발코니 혹은 베란다 정원

다양한 용도의 건물 발코니와 베란다에 분식물을 배치하거나 플랜터에 소규모 정원을 조성할 수 있다. 발코니와 베란다는 옥외로 돌출되어 있는 구조물로 경우에 따라 유리벽이나 지붕을 둘러 실내공간으로 이용할 수도 있다. 공간의 위치와 방향, 높이에 따라 강우량·일조량·기온·풍향·풍속 등이 달라지게 되고, 이에 따라 식물을 선정할 때 주의를 요하게 된다. 아파트 혹은 주상복합의 주거형태가 발달하면서 베란다 공간에 대한 이용이 다양화되고 있는데, 식물에 대한 관심 증가와 더불어 다양한 형태와 관리가 쉬운 플랜터 개발과 함께 베란다에 소규모 정원을 조성하는 사례가 급증하고 있다.

라. 테라스, 파티오(Patio) 정원

테라스는 휴식과 식사를 위해 주택과 연결되어 있는 실외공간으로 타일이나 돌·목재 등으로 포장되어 있는 공간을 말하며, 파티오는 주거용 건물의 가까이에 위치한 포장된 실외공간을 말한다. 이러한 공간은 휴식과 식사를 위한 가구와 함께 아름다운 분식물이 필수적으로 배치되어 조성되고 있다. 이러한 실외공간은 서양의 주거형태 영향으로 소개되기 시작한 공간으로 단독주택이나 주말용 주택 등의 주거형태에서 찾아볼 수 있다.

마. 옥상정원(roof garden)

옥상정원은 인간의 즐거움과 환경의 질을 높이기 위해 건물이나 다른 구조물에 의해 땅에서 분리된 공간에 식물을 식재해 조성된 정원이다. 대형 건물의 넓은 옥상부터 주거용 건물의 소규모 테라스까지 다양한 규모를 보이는 옥상정원은 설치된 플랜터에 식물이 식재되거나 분식물을 배치해 정원을 형성한다.

참고문헌

손관화, 2002. 화훼장식. (주)진흥미디어

옥진주, 2004. 화훼장식학. 가이드라인

한국원예학회, 1999. 신제 생활원예. 향문사

Harrison, J.K. and M. Smith, 2009. The container gardener's bible. Rodale Inc.

제**4**장

화훼장식 소재 및 자재

1. 절화 장식
2. 분식물 장식

화훼장식은 사용하는 식물의 특성에 따라 뿌리가 있는 분식물과 뿌리 없이 채취해 사용하는 절화식물로 나눌 수 있다. 식물에 있어서 뿌리의 유무는 장식해서 볼 수 있는 기간이 일시적이냐, 영구적이냐를 결정짓는 중요한 요소로 절화 장식과 분식물 장식은 큰 차이를 갖는다.

01 절화 장식

절화 장식은 일반적으로 작은 규모로 만들어지며 꽃이 주소재로 매우 화려한 아름다움을 연출할 수 있다. 그러나 일시적인 생명으로 장식기간이 짧은 단점이 있으므로 사용하는 목적 및 식물 소재의 생리적인 특성이나 형태·색상 등을 고려해 식물 소재를 선택해야 한다.

식물 소재의 선택

절화 장식의 식물 소재는 꽃·잎·줄기·과실·종자·균류·이끼·나무·채소까지도 포함하는 넓은 범위를 포괄한다. 또한 이 재료들은 신선할 수도 있으며 생명 활동을 하지 않는 죽은 조직이거나 인공적으로 제작된 조화일 수도 있으나 대부분의 절화 장식에는 생화를 사용하는 것이 일반적이다.

장식의 소재는 정원을 소유하고 있는 경우는 정원에서 채취할 수 있다. 그러나 대부분의 경우 절화 소재는 꽃시장이나 꽃가게를 통해 구입하는 것이 일반적이다. 이때 주요 절화별 구입 시 요령은 표 1과 같다.

명성이 있는 유명한 꽃집이라도 소재를 구입할 때는 신용만을 믿고 구입하는 것은 곤란하다. 반드시 꽃이나 잎 등 한 부분만이 아니라 꽃·잎·줄기 등의 외관, 신선도, 생리적 진행정도 등 소재의 전체적인 상태를 눈으로 확인한 후 선택해야 한다.

꽃이 너무 많이 피었거나, 물통에서 퀴퀴한 냄새가 난다면 절화의 상태는 좋지 않은 것이다. 생화 소재가 담긴 물통을 먼저 살펴보아야 한다. 소재가 직사광선을 피해 있어야 하며 물은 맑고 냄새가 나지 않아야 한다. 만약 물통에서 곰팡이 냄새가 난다면 미생물이 증식되어 절화 소재의 도관을 막아 물올림을 막음으로써 절화 수명이 단축된다. 절엽 소재는 형태에 있어 단단하게 외형이 잡혀 있어야 하며 절단 부위가 반드시 물에 담겨져 있어야 한다. 꽃송이는 약간 개화하기 시작한 것이 오랫동안 관상할 수 있다. 꽃이 많이 달려 있는 화서의 줄기인 경우는 개화가 약간 진행된 것이 조금 있고 대체적으로 꽃색이 나타나는 봉오리가 많은 소재가 좋다. 봉오리가 너무 단단하고 녹색을 띠는 경우 장식에 활용하기에 적합하지 않다. 이 상태의 소재는 실내에서 개화하지 않는 경우가 대부분이다. 너무 성숙한 상태도 안 좋은데 완전히 개화한 꽃들은 관상기간이 짧으므로 선택하지 않는 것이 좋다. 그러나 이벤트 장식과 같은 일시적 장식으로 1~2일만 관상하는 경우는 문제가 되지 않을 수도 있으므로 절화 장식의 용도에 따라 소재 선택의 기준은 약간씩 다를 수 있다.

표 1에서 보는 것과 같이 절화 장식에 적합한 주요 식물 소재의 발달단계의 기준은 장식 이후의 관상기간이 길어질 수 있는 장식작업 당시의 소재의 발달 단계다. 이 단계의 소재를 구입해 될 수 있는 한 빠른 시간 내 장식을 할 수 있는 공간으로 소재를 가져오는 것이 매우 중요하다. 고온에 자동차 안에 두거나 하면 소재는 단시간에 상하게 되어 회복하기 어려운 경우도 있다. 한편 장식을 하기 전에 전처리를 하는 경우도 있다.

표 1. 절화 장식에 적합한 주요 식물 소재의 발달 단계

식물 소재 종류	절화 수명을 위한 구입 당시 최적상태
알스트로메리아	개화된 꽃이 매우 적음 - 봉오리는 화색 발현
아네모네	대부분 꽃이 개화 - 꽃 중앙은 여전히 닫혀 있음. 봉오리는 색상이 발현됨
카네이션(스프레이)	거의 50% 개화 - 봉오리들은 개화 직전으로 풍만해 보이며 단단함
카네이션(스탠더드)	꽃들이 개화됨 - 개화되지 않아 흰색의 바늘 같은 꽃잎이 보이지 않으며 잎은 단단하게 신선해야 함
국화(홑꽃)	대부분의 꽃들이 개화했으나 꽃심은 녹색을 띠며 미숙상태로 꽃가루가 보이지 않는 상태
국화(겹꽃)	개화된 상태이나 꽃심이 단단하고 바깥쪽 꽃잎이 단단해야 함
수선화(홑꽃)	화색이 발현되어 있어 개화가 바로 진전될 수 있는 봉오리 상태
수선화(겹꽃)	완전히 개화된 꽃
프리지아	아주 일부의 꽃만 개화되고 대부분은 꽃색을 보이는 봉오리 상태
거베라	개화된 상태로 꽃심 부위는 한두 바퀴 꽃가루가 핀 상태
글라디올러스	아주 일부의 꽃만 개화되고 대부분은 꽃색을 보이는 봉오리 상태
안개초	거의 모든 꽃이 개화된 상태
아이리스	아주 일부의 꽃만 개화되고 대부분은 꽃색을 보이는 봉오리 상태
나리	아주 일부의 꽃만 개화되고 대부분은 꽃색을 보이는 봉오리 상태
난	완전히 개화된 상태
라넌큘러스	대부분 꽃이 개화 - 꽃 중앙은 여전히 닫혀 있음. 봉오리는 색상이 발현됨
장미	개화된 봉오리 상태 또는 꽃 중심은 단단히 닫힌 상태로 잎이 줄기에 붙어 있어야 함
스타티스	거의 모든 꽃이 개화된 상태
튤립	꽃색이 보이는 봉오리 상태로 잎이 싱싱하고 단단함
톱풀	완전 개화된 상태
안스리움	수상화서의 아래 부위 50% 개화
수레국화	완전 개화된 상태
다알리아	대부분 개화된 상태로 꽃심 부위는 녹색으로 꽃가루가 보이지 않는 상태
델피니움	수상화서의 대부분 개화
개나리	개화하기 시작하는 봉오리 상태
폭스글러브	수상화서의 아래 부위 50% 개화
라일락	대부분의 꽃송이가 봉오리 상태
루핀	수상화서의 아래 부위 50% 개화
제라늄	개화하기 시작하는 봉오리 상태
꽃양귀비	개화하기 시작하는 봉오리 상태
철쭉	꽃송이 대부분이 미개화된 봉오리 상태
체꽃	개화하기 시작하는 봉오리 상태
스위트피	아주 일부의 꽃만 개화되고 대부분은 꽃색을 보이는 봉오리 상태

식물 소재의 특성

절화 장식에 사용되는 식물 소재는 3가지 기본적 유형으로 나눌 수 있으며 대부분의 장식 유형에서 이 3가지 유형의 소재를 모두 사용한다.

가. 선형 소재(Line material)

외형 소재(Outline material)라고도 불린다. 이 소재들은 수상화서나, 단단한 잎을 가진 키 큰 줄기가 주로 선형 소재로 사용되며 장식에서 기본적인 외형이나 골격을 만드는 데 사용된다. 이 선형 소재는 직선 또는 곡선으로 사용될 수 있고 완성된 장식물의 높이나 너비를 만드는 역할을 한다. 선형 소재는 주요 소재와 배경 소재들 간에 시선을 유도해 보기 좋은 장식물을 만들어내는 선적 요소로 작용한다. 예로서 글라디올러스 · 스토크 · 델피니움 · 금어초 · 리아트리스 · 개나리 · 유칼립투스 · 줄기가 긴 장미 등이 있다.

그림 1. 글라디올러스   그림 2. 리아트리스   그림 3. 유칼립투스

나. 주요 소재(Dominant material)

초점 소재(Focal material) 또는 강조 소재(Point material)라고도 불린다. 이미지가 강하거나 굵은 꽃이나 작은 꽃들로 이뤄진 꽃송이 무리가 주요 소재로 사용되며 때때로 눈길을 끄는 잎 소재들도 주요 소재로 사용된다. 이러한 주요 소재는 장식이나 관심의 대상이 되는 부분의 중심에 놓이게 된다. 주요 소재로 많이 사용되는 식물은 거베라 · 국화 · 안스리움 · 나리 · 작약 · 튤립 · 꽃양귀비 · 장미 · 수국 · 다알리아 · 수선화 · 제라늄 등이 있다.

그림 4. 거베라

그림 5. 작약

그림 6. 튤립

다. 배경 소재(Filler material)

2차 소재(Secondary material)라고 불린다. 배경 소재는 장식에 사용되는 용기 가장자리나 소재를 꽂는 침봉, 플로랄폼과 같은 지지체를 가리기 위해 사용되는 모든 종류의 잎 소재나 작은 꽃들을 일컫는다. 주요 소재에 부가적인 관심거리가 되는 형태나 색을 연출하며 장식을 하는 데 있어 생길 수 있는 공백을 메우는 역할을 한다. 배경 소재로 사용되는 예로는 체꽃·헤베·홀리·알스트로메리아·쑥부쟁이·안개꽃·아이비·스프레이 카네이션·프리지아·솔리다고·유오니머스 등이 있다.

그림 7. 체꽃

그림 8. 프리지아

그림 9. 홀리(아일렉스)

라. 식물 소재의 취급요령

절화는 뿌리로부터 식물체를 채취해 수분 공급이 자연스럽게 이뤄지지 않는 조건이어서 여러 가지 노화증상이 나타나 결국 시들어 죽게 된다. 이러한 원인은 일반적으로 절화 줄기의 흡수력 부족, 절화 내 탄수화물 부족, 과도한 증산, 세균 증식에 따른 도관 막힘, 노화 호르몬인 에틸렌가스 분비 등이며 이러한 요인은 부적절한 환경에서 좀 더 가속화될 수 있다. 절화를 좀 더 아름답고 오랫동안 관상하기 위한 소비자의 취급요령은 다음과 같다.

마. 이동과정 취급요령

소비자가 꽃시장이나 상점에서 절화를 구입하면 일반적으로 승용차 · 버스 등을 이용해 이동하게 된다. 긴 시간은 아니나 온도조절이나 광선의 조절 없이 이뤄지므로 여름철의 강한 광선, 고온의 조건은 절화의 노화를 급격히 진행시키며 한편 열대 원산의 절화 소재는 겨울철 저온에 노출될 때 치명적인 저온 피해를 입을 수 있다.

바. 장식 전의 처리방법

식물 소재를 장식 전에 손질하는 것은 줄기의 절단면에 캘러스(치유조직)가 형성되지 않게 하거나 도관을 따라 기포가 형성되지 않도록 해서 물올림이 잘되게 함으로써 절화 수명을 길게 하는 것이 주된 목적이다. 이러한 과정은 절화의 처리(Conditioning)라고 하며 많은 식물소재에서 처리 전의 컨디셔닝(Pre-conditioning) 단계가 필요한 경우가 있다.

(1) 절단
상점에서 구입한 식물 소재는 장식할 장소로 옮긴 후 반드시 재절단해야 한다. 줄기 끝으로부터 2.5cm 정도 비스듬하게 절단하고 소재를 물통에 넣었을 때 수면 아래 있는 하위 잎은 제거해야 한다. 식물 소재의 절단에 있어 다음과 같은 점을 주의해야 한다. 첫째 소재를 자르는 데 사용되는 꽃가위 · 꽃칼은 미생물 감염이 안 되도록 깨끗하게 소독해 사용해야 한다. 둘째로는 절단 시 조직이 으깨지는 등 망가지지 않도록 예리한 칼날의 가위나 칼을 사용해 절단면이 물에 노출되는 면적이 크도록 사선으로 절단한다. 줄기의 아래 부위에 있는 잎은 신속히 제거해 장식했을 때 물에 잠기지 않도록 한다. 잎이 물에 잠기게 되면 회색으로 변하거나 병 발생의 원인이 될 수 있다. 한편 절단 부위를 공기에 노출시켜 건조하게 해서는 안 된다. 절단 후 바로 물통에 넣어야 하며 직사광선을 피해야 한다.

(2) 절화 소재의 전처리(Pre-conditioning)
모든 식물 소재를 전처리할 필요는 없다. 물올림이 원활치 않은 소재인 경우에

하게 된다.

- 목본성 줄기의 전처리 : 철쭉·라일락·광나무 등 목본성 식물 소재의 절단 부위는 경사지게 절단하는 것보다 줄기 끝을 2.5~5cm 정도 수피를 제거한 후 2.5cm 정도 줄기 끝을 가위나 칼로 쪼갠다. 망치로 끝을 두드리면 세균 감염이 되기 쉬우므로 두드리지 않는 것이 좋다. 장미의 경우는 칼이나 가위로 가시를 제거해야 한다.

- 유액처리 : 식물 소재에 따라서는 절단 부위 표면에서 물에 녹지 않는 분비물이 나오는 경우가 있다. 라이터나 성냥불 등으로 이 부위가 막힐 수 있도록 처리한다. 유액이 분비되는 식물 소재는 꽃양귀비나 유칼립투스, 고사리와 같은 양치식물, 다알리아 등이다.

- 봄철 개화하는 구근 식물 소재 처리 : 튤립·히아신스·수선화 등은 특별한 처리가 필요하다. 줄기 끝의 백화된 조직을 잘라내야 물올림이 좋아져 절화 수명이 연장된다. 봄철에 개화하는 구근 소재 중 일부는 줄기에서 즙액이 나와 수명을 단축시킨다. 이 경우는 수화처리 전 물통에 밤새 담가둬서 줄기에 있는 즙액을 빼내도록 한다.

- 시든 꽃의 처리 : 시든 증상을 보이는 잎이나 꽃 소재의 경우 열탕처리를 하는 경우가 있다. 장미 등 많은 목본성 식물 소재의 경우 이 처리가 매우 효과적이다. 우선 종이봉투 등으로 꽃송이 부위를 씌우고 거의 끓는 뜨거운 물에 줄기 기부의 2.5cm 정도를 담가 1분간 처리한다. 이 같은 처리를 하면 미생물을 소독하는 부가적 효과도 있다.

- 시든 줄기의 처리 : 튤립이나 루핀 같은 개화된 식물 소재를 이용하는 경우 장식 과정이나 장식 전 수화처리 동안 줄기가 싱싱하지 않고 흐느적거리며 처지는 경우가 있는데 축축한 신문지로 줄기 부위를 감싸서 물통에 밤새 수직으로 세워둔다. 이러한 처리에도 불구하고 튤립 잎이 급격히 처지는 경우 철사를 이용해 꽃 아래 줄기 부위에 구멍을 뚫고 줄기를 감아서 지지하는 것이 좋다.

- 큰 잎의 절엽 소재 처리 : 우선 잎을 수돗물로 세척해 잎 표면의 먼지나 잡물을 제거한 후 잎의 전체 조직이 잠길 수 있는 넓은 용기에 물을 넣고 절엽 소재 전체를 수 시간 동안 침지시킨다. 이 방법을 이용하면 경우에 따라 시든 꽃도 다

시 싱싱하게 만들 수 있다. 단, 작은 잎의 절엽 소재는 1시간만 처리해야 하며 그 이상 처리하는 경우 회색으로 변색하거나 곰팡이병에 걸릴 수 있다.

(3) 절화 소재의 처리(Conditioning)

특별한 전처리를 했거나 안 했거나 절화 장식을 하기 위한 식물 소재 처리의 마지막 단계는 물올림 처리로 방법은 매우 간단하다. 물통에 수돗물을 담고 식물 소재의 줄기를 넣는데 소재가 담긴 이 물통은 저온의 어두운 곳에 2~8시간 정도 두게 된다. 이때 절화보존제 처리를 하면 더욱 좋다. 대부분 식물 소재의 경우, 물통에 물을 많이 채워 소재의 줄기가 깊이 잠기도록 하는 것이 좋으나 봄에 개화하는 구근식물 소재인 튤립·수선화 등은 깊이 잠기는 것보다 얕은 수심의 물통에서 수화시키는 것이 좋다. 이렇게 물올림한 식물 소재는 장식할 때까지 물통에 넣어두었다가 장식을 하면서 물을 넣은 화병이나 수화시킨 플로랄폼에 바로 꽂는 것이 좋다.

사. 절화보존제의 사용

절화보존제는 절화의 수명을 연장시킬 목적으로 사용하는데 당분·살균제·산도조절제·에틸렌 발생 억제제·습윤제 등으로 이뤄진다. 물론 사용하는 물의 수질과 식물 소재의 특성에 따라 그 효과는 달라질 수 있으므로 사용 시 정확한 지식이 필요하다.

식물 소재의 가공

건조화 장식은 오래전부터 집 안의 피아노·협탁·창틀 등에 놓아두는 장식용품으로 생화를 구하기 어려운 겨울철에 주로 활용되어 왔다. 선진국에서는 최근 생화 대체용으로 사용되던 건조화가 가든센터나 꽃집들을 통해 다양하고 정교한 보존 소재로 만들어져 상품화되고 있다. 몇 가지 목초류나 잎·꽃 소재에 대한 건조나 건조허브, 헤더류만이 아니라 보존기법이 발달해 색상이 선명하고 형태도 뛰어난 기술이 개발되었으며, 소비자가 직접 원하는 꽃과 잎 소재로 집에서 보존할 수 있는 기술들도 있다. 일반적으로 건조 장식을 할 때는 생화의 특성이나 품질기준에 맞추어 건조 소재를 다루게 되면 실망하게 되는데 일반적으로 건조 소재는 생화와 같은 자연적인 색상과 형태를 가지고 있지 않으며 칙칙하고 생명력이 느껴지지 않는다. 따라서 건조 소재를 생화 소재에 대한 대립되는 소재로 평가하지 말고 단점이 아닌 장점을 살릴 수 있는 장식을 해야 한다. 건조 소재는 수년간 지속되고 경우에 따라서 생기는 먼지는 필요에 따라 제거하거나 교체해 줄 수 있는 장점이 있다. 물론 이러한 지속성은 소비자가 생화 소재를 구입하지 않아도 돼 소재 구입비를 절약할 수 있게 한다. 또한 생화 장식처럼 1~2주에 한 번씩 반복하지 않아도 되므로 꽃장식이 취미가 아니라면 시간도 절약할 수 있게 한다. 이외에 물이 새지 않는 용기가 필요 없고 물이 사용되지 않으므로 장식물의 전시범위가 좀 더 넓어진다.

건조 장식을 하는 데 있어 실질적인 몇 가지 점을 검토해 보자. 무엇보다도 건조화(dreid flower)라는 말 자체는 오해를 일으킬 소지가 있다. 어떤 소재들은 글리세린에 보존처리된 것이지 건조된 것이 아니다. 글리세린 보존처리 소재의 많은 부분이 절지 · 절엽 · 꼬투리 등 꽃이 아닌 소재가 대부분이다. 절지를 고정하는 일반적인 방법은 우레탄과 같은 건조 장식용 플로랄폼이다. 장식을 하기 위해 사용하는 용기에는 물을 넣지 않으므로 용기를 자유롭게 선택할 수 있는데 이때 물을 사용하지 않으므로 용기가 쓰러지지 않게 장식 전에 용기에 자갈이나 모래를 채워 넣는 경우가 있다. 건조 소재 가운데 공기 중에서 자연 건조한 소재의 색상은 대체적으로 주황 · 크림 · 갈색 등이며 글리세린 처리를 한 절엽 · 절지는 녹색이나 청색을 띠는 경우가 많고 실리카겔 처리한 화서의 경우 꽤 밝은 색상을 나타내는 경우가 많다. 모든 소재 중에서 가장 선명한 색상을 보이는 것은 염색된 잎이나 꽃 소재다. 매우 선명한 청색, 뚜렷한 적색, 빛나는 듯한 황색 같은 것들이 있다. 이러한 소재를 선택해 사용하는 것은 물론 개인들의 취향에 따라 선호되지 않는 경우도 있으나 현대 장식에서 분명 한 영역을 차지하고 있다. 다음은 가정에서 직접 건조 소재를 만드는 방법이다.

가. 공기 중의 자연건조

(1) 거꾸로 매달기

건조 소재 만드는 방법 중 가장 일반적인 방법이다. 성공하기 위한 포인트는 적

합한 광도와 온도의 장소를 활용하는 것이다. 북쪽 창가의 통풍이 잘되는 다용도
실 등에 있는 선반을 활용하면 좋다.

- 소재 준비 : 건조한 시기에 가장 보기 좋게 개화된 상태의 소재를 잘라서 준비
  한다. 꼬투리 소재는 건조 전에 모발용 스프레이 등을 활용해 가볍게 스프레
  이하면 부착력이 좋아진다. 줄기 아랫부분의 잎은 제거하고 흡수가 잘되는 종
  이를 이용해 표면의 물기를 제거한다.

- 다발 묶음 : 5~10개 정도 규모로 철사나 라피아를 이용해 묶어준다. 묶을 때는
  꽃이나 꼬투리 부분이 서로 붙지 않도록 줄기를 나선형으로 어슷하게 배열해
  묶는다.

- 거꾸로 매달음 : 건조를 하는 곳은 건조하고 어둡고 통풍이 잘되고 따뜻한 곳
  을 선택한다. 건조하는 소재가 많을 경우는 서로 충분히 떨어뜨려야 공기 순
  환이 잘되어 유리하다. 절대로 소재들을 촘촘히 붙여서 건조하면 안 된다.

- 건조 완료 : 건조 완료시기는 식물 소재 종류에 따라 다르나 1~8주 후에는 대
  체적으로 건조된다. 건조되는 동안 1주에 한 번씩 건조 상태를 체크하는데 이
  때는 건조 소재를 묶은 부위가 타이트한 지를 살펴본다. 소재가 파삭한 느낌
  이 들 때가 적당하게 건조된 것이다.

아칸서스 · 아킬레아 · 알케밀라 · 아마란서스 · 아나팔리스 · 아스틸베 · 아스트란티아 · 금잔
화 · 수레국화 · 클레마티스 · 다알리아 · 델피니움 · 에키놉스 · 에리카 · 에린지움 · 천일홍 ·
헬리크리섬 · 라벤더 · 리아트리스 · 스타티스 · 루나리아 · 니겔라 · 꽃양귀비 · 파이살리스 ·
라넌큘러스 · 살피아 · 산톨리나 · 세네시오 · 솔리다고 · 트리티쿰 · 제란세멈

<거꾸로 매달기 방법에 적합한 식물>

그림 10. 아칸서스　　　　그림 11. 델피니움　　　　그림 12. 아스틸베

(2) 수직 건조

일부 소재는 거꾸로 매달아 건조하는 것보다 바로 세워 꽂아두었을 때 더 잘 건조된다. 수국이 대표적인 예다. 용기에 물을 넣고 꽃대를 꽂은 다음 식물에 물이 흡수된 후 서서히 건조가 진행되는 것이 좋다.

- 소재 준비 : 거꾸로 매달아 건조할 때와 동일한 방법으로 소재를 준비한다. 수국의 경우 나무에 달려 있는 상태라면 꽃잎이 종이의 느낌으로 건조됐을 때 채취해 건조한다.
- 용기에 줄기를 넣음 : 줄기를 세워 건조하기 편리한 용기를 선택해 용기 안에 물을 2.5cm 깊이로 넣고 줄기를 세워 놓는다. 거꾸로 매달아 건조할 때와 마찬가지로 어둡고 건조하며 통풍이 잘되는 따뜻한 곳에서 건조한다.
- 건조 완료 : 1주일 간격으로 건조 상태를 점검한다. 용기 안에 물이 없어지고 식물체가 파삭한 느낌으로 건조되었다면 꺼내 보관하거나 장식에 사용한다. 만약 소재가 완전히 건조되지 않았다면 용기 안에 물을 아주 조금 더 넣어주어 건조를 완성한다.

아카시아 · 톱풀 · 아마란서스 · 아나팔리스 · 다알리아 · 델피니움 · 안개초 · 수국 · 루나리아 · 몰루셀라 · 산톨리나

<수직 건조 방법에 적합한 식물>

그림 13. 안개초

그림 14. 톱풀

그림 15. 다알리아

(3) 수평 건조

잎 · 깃털 느낌의 식물 소재, 꼬투리가 무거운 소재는 흡습지 위에 수평으로 두면 건조가 잘된다. 이때 치킨망(오아시스망)으로 틀을 만들고 위에 종이휴지를 깔아서 이용하면 좋다.

- 어떤 방법으로 건조하든지 소재는 식물체로부터 채취했을 때 건조하는 것이 좋다. 낙엽성 잎 소재를 건조하기 위해서는 한여름이 좋으며 상록성은 연중 가능하다.
- 흡습지 위에 소재를 수평으로 둔다 : 종이 위에 잎·목초류 소재를 통풍이 잘 되도록 서로 겹쳐지지 않게 배열한다. 무게가 나가는 꼬투리소재 종류는 종이 위에 소재를 안정적으로 세울 수 있도록 줄기를 짧게 자른다. 다른 건조방법 과 마찬가지로 어둡고 건조하며 통풍이 잘되는 따뜻한 곳에서 건조한다.
- 건조 완료 : 건조가 완료되기까지 1주일 간격으로 체크하면서 흡습지가 젖으면 건조한 흡습지로 교체해야 한다. 크기가 크고 과육이 많은 꼬투리 소재의 경우 건조 완료까지 수개월이 소요될 수도 있다.

알리움 · 브리자 · 팜파스그래스 · 아티초크 · 옥잠화 · 라벤더 · 프로테아 · 제아

<수평 건조 방법에 적합한 식물>

| 그림 16. 팜파스그래스 | 그림 17. 아티초크 | 그림 18. 프로테아 |

나. 건조제 활용

건조 소재를 만드는 데 있어 실리카겔이라 불리는 건조제를 이용할 수 있다. 건조제는 수분을 매우 잘 흡수하는 성질이 있는데 밀폐된 용기에 건조제를 넣고 꽃이나 잎 소재를 꽂아두어 건조하면 공기 중의 건조 방법보다 빠르게 건조할 수 있다. 단지 건조 속도만 빠른 것이 아니라 소재의 원래 색상이나 형태가 더 잘 유지되는 장점이 있으며 소재에 따라서는 원래 향기까지 유지되는 경우가 있다. 물론 건조제 구입 비용, 공기 중 건조에 비해 손이 더 많이 가는 단점도 있다. 무엇보다 가장 큰 단점은 이 방법으로 건조하면 줄기가 잘 부서지기 쉬우므로 줄기를 자른 꽃송이만 건조하는 경우가 대부분이다. 건조제로는 다양한 재료가 사용되

나 가장 저렴하게는 세척된 미세한 모래를 사용할 수 있다. 이 경우 비용이 매우 저렴하나 모래는 일반적으로 무겁고 건조효율(속도)도 실리카겔에 비해 떨어진다. 한때 건조제로는 명반·백반 또는 붕사도 많이 사용되었으나 건조 소재를 만드는 데 효과적이지는 않았다.

가장 좋은 건조제는 물론 실리카겔이며 수일 안에 색상이나 형태 면에서 훌륭한 건조 소재를 만들 수 있다. 선진국에서는 건조 소재를 만드는 원예용 규격의 실리카겔이 판매되는데 수분 보유 정도를 알 수 있는 지시입자를 가지고 있어 건조한 상태에서는 청색이었다가 흡습한 경우에는 분홍으로 색상이 변하게 된다.

- 소재의 준비 : 건조한 날에 소재를 채취한다. 완전히 개화한 꽃은 건조할 때 꽃잎이 떨어지기 쉽기 때문에 소재는 완전히 개화하기 전 상태의 꽃송이 부분을 자르는 것이 좋다. 건조제를 이용한 소재로 장식하는 경우 줄기를 인위적으로 만들어줘야 하므로 줄기를 2.5cm 정도 남기고 잘라 꽃 바로 아랫부위에서 철심박기(Wiring) 처리를 한다.

- 용기의 준비 : 밀폐가 잘되는 뚜껑이 있는 용기를 준비하되 꽃 종류별로 따로 처리하는 것이 편리하다. 실리카겔을 사용하지 않은 새것이 아니라면 건조시켜 써야 한다. 용기에 5cm 정도 깊이로 실리카겔을 담는다

- 용기에 소재를 넣음 : 철심박기 처리를 한 소재를 서로 겹치지 않도록 건조제에 배열해 세워 넣는다. 꽃 주위나 위에 붓 등을 이용해 건조제가 덮힐 수 있도록 끼얹는다. 모든 부분이 건조제에 덮힐 수 있도록 하는 것이 중요한데 꽃잎 사이에도 건조제 입자가 들어가 작용할 수 있도록 한다. 이때 붓 뿐만 아니라 이쑤시개를 이용할 수도 있다. 마지막으로 소재 위에 1cm 높이로 건조제를 덮은 후 용기가 밀폐되도록 뚜껑을 닫는다.

- 건조 완료 : 처리 2일째에는 작은 꽃 소재의 경우 꽃잎이 종이처럼 바삭하게 되면서 건조가 완료된다. 용기 뚜껑을 열고 소재를 꺼내는데 건조제 입자가 끼어 있지 않도록 붓으로 털어낸다. 매일 건조 상태를 체크하는데 큰 꽃의 경우는 건조하는 데 5일 정도 소요된다. 건조제에 오래 처리할수록 소재가 부스러지기 쉬우므로 건조되자마자 빨리 꺼낸다.

알스트로메리아 · 아네모네 · 금잔화 · 동백 · 케이란서스 · 국화 · 클레마티스 · 은방울꽃 · 다 알리아 · 델피니움 · 패랭이 · 프리지아 · 거베라 · 크리스마스로즈 · 이베리스 · 스위트피 · 나 리 · 목련 · 스토크 · 미모사 · 무스카리 · 수선화 · 작약 · 프리뮬라 · 라넌큘러스 · 장미 · 루드 베키아 · 체꽃 · 은회색 절엽류(Silvery Foliage) · 튤립 · 팬지 · 백일초

<건조제 활용 방법에 적합한 식물>

그림 19. 백일초

그림 20. 나리

그림 21. 스토크

다. 글리세린 활용

글리세린 흡습법은 다른 건조 소재와는 다른 방법이다. 주로 잎이나 꼬투리 소재 안의 수분을 글리세린으로 대체함으로써 오랜 기간 보존이 가능하다. 보존 처리 된 소재는 유연성이 있으며 적절히 보관하면 수년간 지속적으로 사용할 수 있다. 색상은 일반적으로 회양목의 경우는 베이지에서 옅은 갈색으로, 철쭉은 짙은 갈 색으로 변화한다. 품종이나 채취시기에 따라 색상 변화에 차이가 있을 수 있으나 유칼립투스는 청녹색으로 변하고 장미는 암록색 또는 갈색으로 변색된다. 이 방 법은 일반적으로 잎 소재 등에 주로 사용되는데 이 방법으로 만들어진 소재는 생 화 장식, 건조화 장식 모두에 매우 유용하게 쓰인다.

(1) 수직 보존처리

- 소재 준비 : 생화 장식에서처럼 소재를 준비하되 주로 아랫부위나 상처 입은 잎을 제거한 뒤 줄기 아랫부위를 세척하고 기부를 비스듬히 자른다. 상록성은 아무 시기에나 채취해 처리가 가능하며 낙엽성 소재는 한여름에 채취해 처리 하는 것이 좋다

- 글리세린 용액 침지 : 줄기를 세운 채로 용액에 충분히 잠길 수 있는 용기를 골 라 사용한다. 글리세린 1에 끓는 물 2의 비율로 섞은 후 줄기가 7.5cm 정도 잠 길 수 있게 용액을 용기에 넣은 후 줄기를 꽂아 서늘한 음지에 둔다.

- 처리 완료 : 매주 소재의 변화를 체크한다. 줄기 위의 잎을 글리세린 용액을 묻힌 헝겊 등으로 가끔 닦아준다. 줄기의 모든 잎이 변색되었으면 처리가 완료된 것이다. 글리세린이 잎 표면으로 배어나올 때까지 두면 좋지 않다. 소재의 종류에 따라 처리기간이 다르지만 일반적으로 1~8주가 소요된다. 필요에 따라 용액을 채워준다. 사용 전 며칠 동안 거꾸로 매달아 두는 것이 좋으며 장식에 사용할 때 마른 종이타월 등으로 잎 표면을 닦아준다.

회양목 · 동백 · 초이시아 · 코토니스터 · 금작화 · 보리수 · 유칼립투스 · 너도밤나무 · 고사리 · 가리야 · 수국 · 아일렉스 · 목련 · 마호니아 · 몰루셀라 · 돈나무 · 벚나무 · 배나무 · 참나무 · 철쭉 · 장미 · 로즈마리 · 버드나무 · 팥배나무

<수직 보존처리에 적합한 식물>

그림 22. 겹벚나무 · · · · · · 그림 23. 동백 · · · · · · 그림 24. 고사리

(2) 수평 보존처리
- 글리세린 용액에 침지 : 잎이 크거나 작은 잎이 스프레이형으로 달린 줄기는 넓은 용기에 글리세린을 채워 소재가 용액에 침지될 수 있도록 처리한다. 용액 농도를 강하게 해서 글리세린 1 : 끓는 물 1로 혼합해 사용하는 것도 효과적인 경우가 있다.
- 처리 완료 : 소재 종류에 따라 보존처리에 소요되는 기간이 다를 수 있다. 잎의 색상이 변하면 처리가 완료된 것으로 보고 용액에서 꺼낸다. 소재가 끈적일 수 있는데 깨끗이 세척해 종이타월로 물기를 닦은 다음 저장했다가 장식에 사용하면 된다.

아칸서스 · 엽란 · 식나무 · 베르게니아 · 팔손이 · 고무나무 · 헤데라 · 옥잠화
<수평 보존처리에 적합한 식물>

그림 25. 고무나무

그림 26. 옥잠화

그림 27. 팔손이

비식물 소재

절화 장식에는 식물 소재 외에 식물 외 소재들이 필요하다. 절화 장식을 하기 위해 구비해야 하는 꽃가위 · 꽃칼 · 플로랄폼 등 장식가가 구비해야 할 도구들을 포함해 장식의 형태를 좀 더 확실하게 고정시키거나 장식물을 강조하기 위한 리본 · 라피아 등 액세서리가 필요하다. 장식용 액세서리는 장식물의 주제와 분위기가 잘 전달될 수 있도록 사용해야 하며 그 종류 및 범위는 무제한적이라 할 수 있다.

표 2. 화훼장식용 비식물 소재(화훼장식용 액세서리)

물품	사용 내용	비고
리본	꽃다발의 둘레를 묶거나 강조할 때 사용	다양한 종류의 길이 · 색상 · 재질이 있음
끈(cord)	꽃장식 둘레를 묶을 때 사용	다양한 굵기와 색상 · 재질이 있음
레이스 끈	꽃다발의 둘레를 묶거나 강조할 때 사용	다양한 너비와 색상이 있음
라피아(raffia)	꽃다발의 둘레를 묶거나 강조할 때 사용	함께 꼬여 있는 것을 풀어 더욱 얇은 끈을 활용할 수 있음
셀로판지	꽃장식의 주변을 감싸서 이용	투명하거나 엷은 색의 종류가 있음
종이포장지	셀로판지와 함께 사용해 꽃장식을 감싸는 데 이용	다양한 종류의 색상 · 무늬가 있음
오간자	줄기 주변을 감싸는 데 이용	뻣뻣한 것과 부드러운 것이 있음
스티로폼 재질의 모형과실	철사로 장식물에 부착	종교적인 이벤트 등에 활용되는 경우가 많음
구슬	장식물을 강조하기 위해 사용	다양한 종류의 크기 · 모양 · 색상이 있음

물품	사용 내용	비고
진주핀	장식물을 강조하기 위해 사용되며 주로 코르사주 등에 이용	진주는 핀의 한 종류며 다른 색상도 이용가능

표 3. 화훼장식을 위한 도구

물품	사용 내용	비고
꽃가위	줄기를 자르는 데 주로 사용	짧고, 날카롭고, 뾰족한 끝을 가진 날을 선택 날카로운 가정용 가위도 효과적임
꽃칼	줄기에 상처를 내거나 벗겨 내거나 나무껍질을 벗길 때, 줄기를 자를 때 이용	짧고 날카로운 날을 선택 짧은 과도도 사용가능
전정가위	두껍거나 강한 것, 또는 나무로 된 줄기를 자르는 데 사용	
와이어(wire)	줄기를 보강하는 데 쓰거나, 장식물에 꽃이나 잎을 붙일 때 사용 꽃장식이나 화환의 골격 역할	여러 가지 치수가 있음 무겁거나, 중간의 것이 꽃장식에 적당
니퍼(Nipper)	와이어를 자를 때 사용	철망을 자를 경우에도 사용
플로랄폼	식물 소재를 지지해 꽃장식물을 고정하는 역할을 함 물로 흠뻑 적셔 사용하면 식물 소재에 수분 공급함	플로랄폼은 이용하기가 매우 용이하고 쉽게 잘리며 녹색과 갈색 외에 다양한 색상이 시판되고 있음
톱칼	플로랄폼을 자를 때 사용	빵칼도 유용하게 이용
글루건, 글루스틱, 글루팬, 글루펠츠	글루건을 이용해 꽃이나 식물재료, 장식용 액세서리를 장식에 붙일 때 사용	와이어를 이용할 때보다 더 신속하고 효과적으로 장식물에 장식 소재 붙일 수 있음
물대롱(water tube)	매우 짧은 줄기에 달려 있는 꽃을 지탱 식물 소재에 물 제공	컵처럼 생긴 뾰족한 끝은 장식물에 삽입 줄기가 길게 보이는 시각적인 효과가 있음
랩핑테이프 (Floral stem wrap)	견고성을 더해 줄 때나 한 다발로 묶을 때 줄기를 한 개씩 감싸서 사용	유연하며, 방수기능이 있음. 초록색상으로 대부분의 줄기와 어울림 때로는 투명하거나 흰색, 갈색의 테이프도 사용하는 경우 있음
플로랄핀	장식물에서 줄기를 보호하거나, 붙일 때 사용	플로랄 와이어를 자르거나 구부려서 목적에 맞게 사용가능함

02 분식물 장식

식물 소재의 선택

분식물 장식의 소재는 몇 가지 기준에 의해 선택된다. 연중 내내 볼 수 있기를 원하는지, 식물 소재의 구입비용, 키우기 위한 노력과 기술여부, 적합한 환경조건, 식물체의 형태·크기 등을 주로 고려해야 한다. 일반적인 관엽식물의 경우 연중 관상이 가능하다. 그러나 꽃을 주로 관상하는 식물이라면 꽃이 시든 후에는 관상 가치가 없어진다.

한편 키우는 노력과 기술의 여부에 따라서 어떤 환경조건에서도 잘 자라는 식물체를 키울 수도 아닐 수도 있다. 대체적으로 쉽게 키울 수 있다고 알려져 있는 식물로는 산세베리아·팔손이·엽란 같은 관엽식물이나 건조하게 관리하는 많은 종류의 다육식물, 물 안에 심어 키우는 시페루스 종류가 있다. 이런 식물들은 대체적으로 어떤 환경조건에서도 잘 자란다. 대체적으로 시장 꽃가게에서 쉽게 구할 수 있는 관엽식물들이 이 경우에 속한다.

그림 28. 산세베리아

그림 29. 시페루스

그러나 소수이기는 하나 아칼리파 · 칼라데아 · 치자나무 등은 키우기 어렵다고 일부에서 인식되고 있으나 이러한 식물 종들은 원예 취미가에게는 흥미를 돋우는 아이템이 된다.

분식물 소재의 종류

가. 이용에 따른 분류

(1) 실내 관엽식물(Foliage house plant)

실내에서 잎을 주로 관상하는 식물을 관엽식물이라고 한다. 관엽식물은 화훼식물을 이용하는 입장에서 식물을 분류한 것으로 잎이나 줄기의 형태 · 색상 · 무늬 또는 식물체 전체의 외형의 아름다움이 뛰어난 식물 종을 이른다. 이러한 관엽식물은 1970~80년대를 기점으로 현재에 이르기까지 그 사용량이 증가하고 있다. 물론 관엽식물도 생리적인 현상의 일종으로 꽃을 피우는 경우가 있는데 관엽식물의 꽃이 관상의 대상이 되는 경우는 적다. 크로톤 · 콜레우스 · 베고니아 · 코르딜리네 · 드라세나류의 많은 품종은 엽색이 녹색 외에 적색 · 크림색 · 황색 · 연녹색 등 다양한 색상으로 화려함을 더해준다. 색상 외에 다양한 무늬를 가진 종들로는 트라데스칸티아 · 디펜바키아 · 아글라오네마 · 클로로피텀 · 스킨답서스 · 헤데라 등이 있다. 다양한 색상과 무늬는 없어도 실내 관엽식물의 대표 종류인 벤자민 고무나무 · 팔손이 · 몬스테라 등은 여전히 인기가 있는 식물 종이다. 실내 관엽식물의 잎색에 대한 조사에서는 녹색, 무늬종, 보라 등의 순으로 전체적으로 녹색 위주의 색을 선호하는 것으로 나타났다. 이처럼 인공 건축 구조물에서는 화려한 유채색보다는 편안함을 주는 자연색인 녹색 위주의 식물로 실내 그린인테리어를 설계하고 포인트로 일부 유채색 식물을 도입하는 것이 좋을 것이다. 한편 실내 관엽식물의 인기가 지속되면서 최근에는 틸란드시아 · 브레이니아 등 공중식물(Air plants) 등 새로운 식물과 이용방법도 많이 도입되고 있다.

관엽식물로 알려진 것들은 겨울철 난방하지 않는 실내조건에 적합한 식물 종도 있으나 대체적으로 따뜻한 실내에서 이용하는 것이 적합하다. 대부분의 관엽식물이 실내에서 계속적으로 관상할 수 있다고는 하지만 물주기 · 빛관리 등 적절한 관리가 필요하며 몇몇 종은 자라면서 쉽게 관상가치가 떨어지는 것들도 있다. 콜레우스(Coleus)가 대표적인 예이며 기누라(Gynura)·히포에스테스(Hypoestes)도 생장하면서 초장이 길어지면 관상가치가 떨어진다.

그림 30. 골든크레스트

그림 31. 기누라

그림 32. 드라세나

그림 33. 크로톤

(2) 꽃을 관상하는 실내식물(Flowering House Plants)
꽃을 관상하는 실내식물이 가정에서 실내정원 등 분식물 장식에 대한 관심이 커지면서 점차 중요한 비중을 차지하고 있다. 꽃을 관상하는 식물은 2가지 유형으로 나눌 수 있는데 실내에서 계속 관상할 수 있는 관엽식물이 일시적으로 개화해 그 꽃을 관상하는 경우가 그중 하나다.
이 종류의 식물들은 크기·형태·향기가 다양한 꽃을 피우므로 큰 꽃을 보고 싶을 경우는 극락조화 같은 식물을, 작고 귀여운 꽃을 보고 싶을 때는 칼랑코에나 헬리오트로프 같은 것을 선택할 수 있다.
꽃에 따라 강하고 좋은 향기가 있는 치자나무·올란더·재스민과 같은 것을 선택할 수도 있으며 캐리온 같은 경우처럼 불쾌한 냄새가 나는 식물 종도 있다. 언제 꽃을 보고 싶은가에 따라서도 식물을 선택할 수 있다.

칼랑코에나 재스민은 겨울철 거실에서 꽃을 피울 수 있으며 스파티필럼과 안스리움은 봄철, 히비스커스와 캄파눌라는 여름철에 개화한다. 가을철에는 아펠란드라, 올란더 등이 꽃을 피운다. 한편 필요한 조건만 맞춰주면 언제든지 개화하는 종들이 있다(세인트폴리아 · 임파티엔스 · 브룬펠시아 등). 꽃에 따라서는 히비스커스와 같이 1~2일 만에 꽃이 지는 것이 있으며 에크메아는 수개월 동안 꽃이 지속된다. 대부분의 관엽식물은 잎 자체가 화려하고 아름다우므로 꽃이 피었다고 해서 관상가치가 훨씬 더 증가하는 것은 아니다. 이런 점은 꽃이 피거나 피지 않거나 늘 관상할 수 있는 장점이 될 수 있다.

그림 34. 극락조화

그림 35. 브룬펠시아

그림 36. 스파티필럼

그림 37. 안스리움

(3) 꽃을 위주로 관상하는 분식물(Flowering Pot Plants)

꽃을 관상하는 식물 중 꽃이 피었을 때만 관상가치가 있으며 꽃 지고 난 후에는 관상가치가 없어 폐기되거나 구근상태로 저장하여 다시 심거나 하는 식물을 별도로 구분한다. 이런 식물들은 꽃이 매우 화려하고 아름다우나 실내에 두고 계속 관상할 수 없으므로 실내에서 식물로 장식을 하고자 할 때는 식물의 특성을 고려해서 선택해야 한다.

이런 식물들은 일시적인 관상가치에도 불구하고 매우 화려하고 눈을 끄는 아름다운 꽃으로 꾸준한 인기를 지닌다. 포인세티아·철쭉·글록시니아·시네라리아·국화·히아신스 등이 대표적인 예다. 이런 종류의 식물들은 꽃이 피었을 때 매우 화려하고 아름다우므로 주로 선물용 상품으로 많이 이용되며 실내식물을 장식할 때도 시선을 끄는 주인공 역할을 한다. 이 부류의 식물로는 철쭉·포인세티아·시클라멘·국화·히아신스·크로커스·튤립·수선화·시네라리아·글록시니아·베고니아·툰베르기아·글로리오사·엑사쿰·브로왈리아·분화용 미니장미 등이 있다.

일년생 식물의 경우는 수일 또는 수개월 후 꽃이 지고 나면 서서히 거의 모든 잎이 지고 식물체가 죽는다. 그럼에도 불구하고 절화에 비해 꽃을 오랫동안 볼 수 있으므로 절화를 대신해 사용되는 경우가 많다. 식물을 키우는 데 일반적인 규칙이 있다고 할 수는 없지만 이렇게 꽃을 위주로 관상하는 분식물은 건조하고 덥게 키워서는 절대 안 되며 대체적으로 밝고 서늘한 환경조건을 맞추도록 하고 흙이 늘 촉촉하게 젖어 있는 상태로 관리한다.

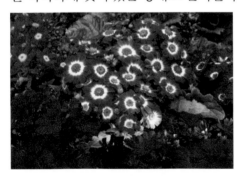

그림 38. 시네라리아

그림 39. 포인세티아

그림 40. 란타나   그림 41. 시클라멘

(4) 선인장류

선인장은 물을 자주 안 줘도 잘 견디는 사막식물이라는 인식 때문에 한때 많은 사람의 인기를 받으며 실내 분식물로 이용되었다. 그러나 관수를 자주하면 안 되는 사막식물이라는 것 때문에 때로는 실내에 그냥 방치해 생육이 저조하거나 급기야 죽는 경우가 자주 있다. 선인장류를 좀 더 잘 이용하기 위해서는 이 식물에 대해 좀 더 명확하게 이해할 필요가 있다. 우선 모래에 심어 키우는 것으로 알려져 있는데 너무 가는 모래는 오히려 해롭다. 모래와 숨이 막힐 듯 낮이 뜨거운 사막에 사는 식물이라 해도 여름철의 건조한 기후는 선인장을 휴면상태로 있게 한다. 적절한 발달과 개화를 위해서는 선인장은 겨울철 저온도 필요하며 잘 관리하면 수선화처럼 정기적으로 꽃을 피울 수도 있다.

선인장도 큰 기둥처럼 키가 큰 종부터 땅에 붙어 있는 아주 작은 종들까지 매우 다양하고 광범위하다. 거의 대부분 잎이 없는데 식물체 표면에 많은 구멍이 나 있고 여기서부터 강하거나 또는 부드러운 가시가 나 있는 경우가 있는데 어떤 것은 긴 털처럼 나 있고 어떤 것은 짧은 고리 모양으로 나 있다. 선인장은 원산지 환경에 따라 사막형과 삼림형으로 나뉜다. 사막형은 미대륙의 고온의 반사막 지역이 원산지다. 수백 종에 달하는 거의 모든 선인장류가 이 그룹에 속하는데 대부분 삽목으로 쉽게 번식하고 초봄에서 가을철까지 물을 거의 주지 않거나 아주 조금 준다. 가능한 한 빛을 많이 받도록 하며 특히 꽃을 피우기 위해서는 남쪽 창 쪽에서 키우는 것이 적합하다. 삼림형 선인장은 미대륙의 열대 삼림지역이 원산지로 나무에 착생해 자란다. 원예식물로 키우는 것은 많지 않으나 대부분 줄기가 자라면서 늘어지는 습성이 관상가치가 높아 원예종으로 된 것이다. 사막형 선인장과 달리 겨울철에도 관수나 영양분을 줄 필요가 있다. 일 년 중 가장 더운 시기에는 그늘에서 키우는 것이 좋은데 동북쪽에서 키우는 것이 적합하다.

그림 42. 비모란

그림 43. 맘밀라리아

나. 형태에 따른 분류

분식물 장식에서 식물의 형태 · 크기 등을 고려해 선택하는 것이 중요하다. 작고 낮게 자라는 품종은 넓고 큰 벽면에 장식하는 것이 어울리지 않을 수 있다. 나무처럼 키가 큰 식물체는 좁은 창가 베란다에 두면 불안정해 보일 수 있다. 분식물 장식을 위해 식물 소재를 구입할 경우에는 어린 식물체를 구입할 수도 있으며 이 경우 식물체의 키가 크게 자랄 수 있음을 생각해야 한다. 최근에는 품종개량 등으로 왜성품종이 많이 이용되는 경향이나 드라세나나 고무나무의 경우 왜성품종이 아니면 사람의 키만큼 자랄 수도 있다. 분식물 소재는 형태에 따라 6가지로 분류할 수 있다.

(1) 그래스형 식물(Grassy plants)

그래스형 식물은 사초과나 화본과 식물처럼 길고 좁은 잎을 가진 풀과 같은 생장 습성을 가진다. 이 종류에 해당하는 실내식물은 거의 대부분 사초과나 화본과 식물은 아니다. 클로로피텀이 가장 흔하게 쓰이는 그래스형 식물 소재 식물이다. 이 외 틸란드시아와 수선 등이 있다.

그림 44. 클로로피텀   그림 45. 틸란드시아

(2) 덤불형 식물(Bushy plants)

이 분류는 다른 분류에 속하지 않는 거의 모든 식물이 포함될 수 있다. 전형적인 유형은 주지로부터 몇 개의 측지가 거의 같은 지점에서 나와 수직이나 수평의 초형을 보이지 않는다. 페페로미아처럼 작고 빽빽한 초형이나 식나무처럼 키가 큰 관목과 같은 것들도 있다. 어떤 식물 종은 자연스럽게 덤불처럼 측지가 형성되는 것이 있는 반면 정기적으로 적심 처리를 통해 인위적으로 덤불형으로 보이게 초형을 유도해 주는 경우도 있다. 아키메네스 · 베고니아 · 콜레우스 · 마란타 · 필레아 등이 속한다.

그림 46. 마란타   그림 47. 아키메네스   그림 48. 콜레우스

(3) 수직형 식물(Upright plants)

주지에 측지가 거의 없으며 수직으로 자라는 생장습성이 뚜렷한 것이 특징이다. 키가 몇 센티 정도 되는 작은 식물체부터 집 천장까지 닿는 키 큰 식물체까지 다양하다. 여러 가지 형태의 식물 소재들을 함께 장식할 때는 중간 크기의 수직형 식물체를 사용하는 것이 필수적인데 로제트형 식물, 덩굴형 식물, 키 작은 관목형

식물을 사용해 생기는 수평적 효과에 대한 대비 요소로 사용된다. 곧게 자라는 키가 큰 수직 식물은 그 자체로 공간에서 시선을 끄는 장식 효과가 뚜렷하다.

- 기둥형 식물(Column Plants) : 두꺼운 수직의 줄기를 가지고 있는데 잎이 없거나 잎이 있어도 수직기둥 효과가 두드러지는 식물들이 이 유형으로 선인장류나 일부 다육식물이 있다. 세레우스 · 클레이스토캑투스 · 클레이니아 · 노토캑투스 · 트리코세레우스가 이에 해당하는 식물이다.

- 수목형 식물(Trees) : 수목형 식물은 별다른 장식이나 다른 식물과의 조화가 필요 없이 그 자체로 관상가치가 뛰어난 식물이다. 주지가 있고 이로부터 곁가지가 나오며 여기에 잎이 달린다. 크로톤의 유식물체의 경우처럼 일부 식물은 꽤 작기도 하다. 어떤 식물은 천장에 닿을 정도로 크게 자란다. 아펠란드라 · 시트러스 · 크로톤 · 벤자민 고무나무 · 인도 고무나무 · 월계수 · 쉐플레라가 이 종류에 속한다.

- 야자형 식물(False Palms) : 식물체가 성숙하면 줄기의 윗부분만 잎으로 덮여 있어 마치 야자류 같은 느낌을 주는 식물 소재로 여기에 속하는 식물 중 키가 큰 식물은 빌딩 등 공공장소에서 단독으로 배치되는 장식 식물로 자주 사용된다. 뷰카르네아 · 디펜바키아 · 드라세나 · 판다누스 · 유카(Yucca) 등이 있다.

그림 49. 고무나무

그림 50. 디펜바키아

그림 51. 아펠란드라

(4) 덩굴형 식물(Climbing and Trailing plants)

줄기가 자라 줄기 위에 지지물이 있으면 이를 이용해 위로 자라 올라가거나 또는 아래로 늘어지는 습성이 있는 식물이 여기에 속한다. 일반적으로 가지가 위로 자라 올라가기 위해서는 지주대 · 줄 · 망 · 고리 등이 설치되어 있어야 한다. 한편 기는 줄기를 활용하기 위해서는 실내정원에서 수평으로 줄기가 뻗어 정원의 표면을 덮게 하거나 걸이화분에 심어 이용하는 방법이 있다. 상향으로 기어 올라가는 습성의 식물체는 화분 위에 지지대를 설치하면 줄기가 지지대를 타고 올라가면서 생장한다. 이런 식물들은 덩굴손이 있어 일정 간격으로 설치된 지지물을 잡고 올라간다. 이런 식물체들은 그냥 두면 줄기들이 서로 붙잡고 뒤섞여 자라게 된다. 착생뿌리를 가진 식물의 경우 이끼로 만든 배지에서 가장 잘 자란다. 이런 식물로는 디플라데니아·시계초·필로덴드론·스테파노티스가 있다.

한편 기어 올라가는 줄기와 아래로 뻗어 자라는 습성 모두 있는 식물종도 있는데 화분에 지주대를 설치하면 일부는 감고 올라가고 일부는 뻗어 자라면서 늘어지는 것이 매우 아름답다. 때로는 무성하게 뒤엉키는 것을 막기 위해 줄기를 정리할 필요가 있다. 푸밀라 고무나무·헤데라·필로덴드론·스킨답서스가 이에 해당한다. 마지막으로 줄기가 늘 아래로 늘어지면서 생장하는 유형이 있다. 이런 생장 습성으로 줄기가 토양표면을 덮게 되는데 이런 식물들은 걸이화분을 이용하거나 기둥 위에 설치된 화분 등을 이용하면 매우 아름답다. 베고니아·캄파눌라·콜룸네아·피토니아·헬시네·네르테라·세덤·세네시오·지고캑터스가 이 유형의 소재로 활용된다.

그림 52. 스킨답서스　　　그림 53. 푸밀라 고무나무　　　그림 54. 헤데라

(5) 로제트형 식물(Rosette plants)

생장점을 중심으로 잎이 원형의 다발을 이루는 형태의 식물이다. 키가 작게 자라는 대부분의 로제트형 식물은 관목형이나 수직형 식물들과 조화를 이룬다. 잎이 크면서 거의 수평으로 자라는 로제트형은 글록시니아·프리뮬라·센트폴리아로 꽃을 관상하는 것들이다. 로제트형의 일부는 잎이 빽빽이 수평 또는 수직으로 자라는 다육식물로 자연상태에서 수분을 잘 보유할 수 있는 형태를 가지고 있다. 이러한 예로는 알로에·에오니엄·에케베리아·라우르티아가 있다. 한편 파인애플과의 식물로 에크메아·구즈마니아·니둘라리움·브리에세아 등은 혁대처럼

생긴 잎의 기부가 비를 받아 보유할 수 있도록 생겼는데 대체적으로 식물체가 크고 옆으로 벌어진 모양이다.

그림 55. 프리뮬라

그림 56. 에오니엄

그림 57. 센트폴리아

(6) 구형 식물(Ball Plants)

구형 식물은 잎이 없는 구형의 식물로 모두 선인장류다. 줄기 표면이 완만하거나 털이나 가시로 덮여 있다. 아스트로파이툼 · 에키노캑투스 · 페로캑투스 · 맘밀라리아 · 파로디아 · 레부티아 · 비모란선인장 · 멜로캑투스 등이 있다.

그림 58. 멜로캑투스

그림 59. 아스트로파이툼

그림 60. 페로캑투스

제5장

화훼장식의 디자인 요소 및 원리

1. 개념요소

2. 시각요소

3. 디자인 원리

디자인이란 기능성과 심미성을 동시에 해결하는 실용적·미적 조형을 계획하고 이것을 가시적(可視的)으로 표현하는 것을 말한다.

꽃을 아름답게 보이게 하는 미적 구성 원리의 이론들을 통해 디자인의 원리를 배우는 것이 매우 중요하다. 디자인의 원리와 요소들을 알고 있다는 것은 디자이너로서는 기초적인 것이다. 빛과 형태와 질감 그리고 패턴과 색채 등 사물에 대한 주의 깊고 부단한 관찰은 개인적인 자각을 발전시킬 것이다. 아울러 균형, 스케일과 비례, 리듬과 강조를 찾는다는 것은 이런 원리를 만드는 조화감각을 계발하는 데 도움이 될 것이다.

디자인의 기초를 이루는 요소를 살펴보면 모든 조형의 기본요소이며 실제적으로는 존재하지 않고 이념상으로만 존재하는 개념요소와 보여지는 것으로 디자인의 종속적 외양을 꾸미는 시각요소가 있다.

구체적으로 개념요소는 점·선·면·양의 요소이고, 시각요소는 형태·크기·색채·질감의 요소로서 이들 상호요소의 변화에 따라 디자인의 기능과 역할이 확실하게 전개될 수 있는 것이다.

01 개념요소

점

조형요소의 최소단위를 말하며 크기와 방향은 없고 위치만 있는 것을 말한다. 점을 확대하면 면으로 인식되기도 하며 반대로 면을 축소하면 점으로 인식되기도 한다.

선

점이 이동한 자취ㆍ길이ㆍ위치를 나타내며 넓이는 없고 길이와 방향만 있는 것을 말한다. 1차원적인 요소이면서 운동의 속도ㆍ방향, 강하고 부드러움 등 동적인 느낌을 내재하고 있다.

화훼장식에 이용되는 선은 실제 재료의 선적인 요소에 의해 표현되는 형태와 재료의 반복에 의해 표현되는 형태, 그리고 존재하지는 않지만 마음으로 두 물체를 연결함으로써 표현되는 형태로 나누어볼 수 있다.

선은 다양하며 어떤 형상을 규정하거나 한정하고 면적을 분할하기도 하고 운동감ㆍ속도감ㆍ방향 등을 나타낸다. 선은 사물이나 방의 비례를 외견상 변경할 수 있다. 가령 동일한 형상의 직사각형을 각기 가로와 세로로 분할했다고 가정한다면 시선은 수직선을 따라 위로 올라가게 되고 높게 보이도록 만든다. 반면 가로로 분할할 경우 시선은 수평으로 이동해 사각형이 더 넓게 보이게 되는 것이다.

그림 1. 반복에 의해 표현되는 선

그림 2. 두 물체의 연결에 의해 표현되는 선

가. 수직선

수직선은 구조적인 높이와 강한 느낌, 그리고 존엄성을 느끼게 하는 경향이었다. 이런 선들은 기둥이 노출된 건물 외부에서 볼 수 있고, 실내에서는 건축부재가 상하로 된 특정적인 실내이거나, 키가 큰 가구나 커튼의 길고 곧은 주름이 있는 곳에서 찾아볼 수 있다.

나. 수평선

수평선은 수직선보다 강한 느낌은 덜하지만 차분하고 견실한 느낌을 준다.

다. 사선

사선은 성공적으로 사용되기가 어려우나 잘만 제어된다면 매력요소가 될 수 있다. 그러나 사선의 사용이 너무 많으면 불안정한 느낌을 줄 수 있다.

라. 곡선

곡선은 기하곡선과 자유곡선으로 대별되는데 직선보다 더 흥미롭고 우아하고 부드러우며 미묘한 점이 있다.

표 1. 선의 종류와 느낌

종류	느낌	종류	느낌
직선	간결 · 단순 · 명료 · 남성적 · 강한 느낌	유기적인 선	자유로움 · 부드러움
곡선	부드러움 · 여성적 · 우아	기하학적인 선	기계적 · 긴장감
수평선	평화 · 평온 · 정지 · 무한한 느낌	기하직선형	안정 · 신뢰 · 확실 · 강력 · 명료 · 질서 · 간결
수직선	상승 · 권위 · 희망 · 긴장감 · 엄숙한 느낌	기하곡선형	수리적 질서 · 명료 · 자유 · 이행 · 확실 · 정연
사선	불안정 · 운동감 · 변화 · 속도감 · 활동적인 느낌	자유곡선형	우아 · 여성적 · 불명료
가는 선	신경질적 · 예민 · 날카로움	자유직선형	강렬 · 예민 · 직접적 · 남성적
굵은 선	힘이 있는 느낌		

마. 면과 입체

면은 선이 이동한 자취, 공간을 구성하는 기본단위로서 길이와 넓이는 있지만 부피는 없는 것을 말한다.

입체는 면이 이동한 자취로서 길이 · 폭 · 깊이 · 형태 · 공간 · 표면 · 방위 · 위치 등을 나타낸다.

그림 3. 면 요소의 표현

표 2. 면의 종류와 느낌

종류	느낌	종류	느낌
평면	단순 · 간결	직선적인 면	남성적 · 안정감 · 신뢰감 · 강함
곡면	부드러움 · 동적	기하학적인 면	기계적 · 불안정
사면	동적 · 불안정 · 강함	유기적인 면	자유로움 · 활달

그림 4. 선의 이동으로 구성된 면

그림 5. 디자인 개념요소

02 시각요소

형(Shape)과 형태(Form)

형은 점·선·면이 연장되거나 발전·변화해 밀접한 관계 속에서 이루어지며 그 외곽을 한정짓는 색상과 명암의 변화와 이를 둘러싼 선들로 이루어지는 시각의 영역이다. 흔히 형과 형태라는 용어가 혼용되고 있는데 형태가 삼차원적인 표현 용어라면 형은 이차원적인 표현이다.

가. 형(Shape)

직선형은 기하직선형·기하곡선형·자유곡선형·자유직선형으로 분류된다. 기하직선형은 안정·신뢰·확실·강력·명료·질서·간결을 표현하며, 기하곡선형은 수리적인 질서·명료·자유·이행·확실·정연을 주로 표현한다. 자유곡선형은 우아·여성적·불명료·강력·명료·질서·간결을 표현하며, 자유직선형은 강렬·예민·직접적·남성적·대담·활발·명쾌한 감정을 나타낸다.

곡선형의 표현은 기하곡선형과 자유곡선형으로 나뉘는데 전자는 수리적인 질서·명료·자유·이행·확실·정연을, 후자는 우아·여성적·불명료·무질서를 나타낸다.

나. 형태(Form)

형태는 특성상 다음과 같이 분류될 수 있다. 자연형태는 우리가 자연에서 볼 수 있는 형태로 항상 변하는 특징을 가지고 있다. 한편 모래·돌·산 등 생명이 없는 것을 무생물의 형태로 분류한다. 식물·동물 등 생명이 있는 것의 형태를 생물의 형태, 자연형태와 반대되는 개념으로 표현함에 있어 기술과 재료가 필요한 인공의 형태로 나눈다.

색(Color)

모든 디자인 요소 중에서 가장 감정적인 것이 바로 색채라고 할 수 있는데 똑같은 크기의 형태를 지닌 물체가 색상에 따라 다르게 느껴지는 것은 색상이 인간의 심리와 상관관계가 있기 때문이다. 즉 색채는 예술품에 다른 방법으로 얻을 수 없는 독특한 분위기를 만들어 준다.

색은 색을 구분하는 색상, 밝기인 명도, 선명도인 채도의 3가지 속성(색의 3요소)을 지니고 있다.

가. 색상

우리가 색을 구분하기 위해 붙여진 이름이 곧 색상이다.
간단히 말해 색의 명칭으로서 빨강이나 오렌지·초록·자주 등을 색조라고 한다. 이것은 다른 색이 섞이거나 가감되지 않은 순수한 상태의 색을 말한다. 난색계·한색계·중성계로 나눌 수 있다.

나. 명도

색의 상대적인 밝음과 어둠을 말하는 것이다. 명도 차이에 대한 인식 능력에는 개인차가 있겠으나 우리는 보통 한 가지 색상에서 40단계 정도의 명도는 구별해 낼 수 있는 능력을 갖고 있다. 각각의 색상은 표준 명도를 갖고 있는데 흰색은 0, 검정은 10으로 등분한 그레이 스케일을 사용한다.

다. 채도

채도는 색의 상대적인 선명도를 나타내는 것이다. 회색이 첨가되지 않아 색깔 자체의 선명도가 가장 높은 색은 채도가 높다고 부른다. 반대로 회색이 섞였거나, 보색이 섞여서 선명도가 떨어진 색채의 채도는 낮다고 한다.

질감

물체가 갖고 있거나 인위적으로 만들어낸 표면의 성격이나 특징으로 형태나 색채와 더불어 디자인의 필수 요소로서 물체의 성질을 나타낸다.

촉각에 의한 질감과 시각에 의한 질감으로 구분된다. 촉각경험은 어떤 사물의 무게나 온도 또는 건·습도 등을 촉감에 의하지 않고도 시각만으로 그 표면 성질을 느낄 수 있다. 이러한 물체가 갖고 있는 표면상의 특징을 촉각이 아닌 시각만으로 지각할 수 있는 것을 텍스처(Texture)라고 한다.

다시 말해 질감이란 사물이 갖고 있는 표면의 질(質)과 관련된 것이고 그'질'이란 보거나 만지는 것만이 아니라 기억을 통해 느낄 수도 있는 것이다. 예컨대 화강석의 거침, 긴 카펫의 부드럽고 푹신한 따사로움이라든가, 판유리가 주는 차고 매끄러운 느낌도 시각이나 촉각을 통하지 않고도 연상할 수 있는 질감 효과인 것이다. 결국 질감은 시각적으로 가볍거나 무겁게, 따뜻하거나 차게, 조밀하거나 느슨하게, 규칙적이거나 불규칙적인 것으로 느껴질 수 있는 것이다.

03 디자인 원리

디자인 원리란 조형 요소들이 어떤 특정한 통일과 질서효과를 성취하기 위해 어떠한 방법으로 결합되어야 하는가를 결정하는 하나의 심미적 연관법칙이나 구성계획이라 할 수 있다. 이것은 점·선·면·형·방향·색채·질감·양감·크기 등 서로 다른 요소들이 표현될 때 일어나는 아름답고 조화롭게 만들어내는 미의 규칙이다.

디자인 원리를 응용하는 데 성공하려면 각 요소의 기능을 완전히 이해하고 있어야 한다. 디자인 원리는 통일과 변화·조화·균형·율동 등으로 표현되며, 균형은 대칭·비대칭 그리고 황금분할과 같은 객관적인 질서를 비례로 나타내고, 율동은 점이·반복·강조로서 연출할 수 있다(그림 6).

그림 6. 디자인의 원리

통일(Unity)

각각의 요소들이 서로 밀접한 관련성을 띠면서 하나의 형상을 이루는 것을 의미한다. 통일성에서 중요한 점의 하나는 전체가 부분보다 두드러져 보여야 한다는 것이다. 사람들이 각각의 요소들을 따로 분리시켜 보기 이전에 전체적인 것을 먼저 볼 수 있도록 해야 하는 것이다.

사람들은 무의식중에 다양한 구성요소들을 관련지어 주는 어떤 조직적인 것을 찾아내고자 한다.

작품이 전체적인 통일성을 갖기 위해서는 디자인에 속하는 개개의 부분들이 동일성과 동일한 효과를 표현하기 위해 상호 관련을 지어 구성하며 작품에 있어 전체적으로 통일된 일체감을 이루어야 한다.

통일성을 만들어 내기 위해 모든 디자인마다 같은 소재들을 사용할 필요는 없다. 공통성이 없는 소재들을 사용해 그것들을 짜임새 있게 배합함으로써 하나의 통합된 디자인을 만들 수도 있기 때문이다. 즉, 다양성을 지닌 통일성은 하나의 조화 있는 형태 또는 다양한 요소들 사이에 확립된 질서를 내포한다. 그러나 형태를 지나치게 통일시키면 만족감 대신 싫증을 불러일으킬 수 있으므로 한 가지 주제에 대한 통일성을 부각시키는 한편 전체적으로 단조로워져서 지루한 느낌을 주지 않도록 생생한 다양성을 제공해야 한다.

그림 7. 통일 원리의 예

통일성을 주는 기술로는 다음과 같은 것이 있다.

가. 근접

각기 분리된 요소들이 서로 연결되어 있는 것처럼 보이게 만드는 방법이다. 통일성을 이루어내는 가장 간단한 방법으로 구성요소들을 서로 밀착시켜 놓는다.

나. 반복

각 부분을 서로 연결시키기 위해 색깔이나 형태, 또는 질감이나 방향, 각도 등을 반복 사용한다.

다. 연속

어떤 것이 '연속되는 것'. 단지 하나의 요소로서 통일성을 이루어 내기보다도 다양한 단위 요소에 응집력 있고 통일된 구조를 만들어내는 것이 다.

변화(Transition)

화면 안의 구성요소들을 서로 다르게 구성하는 것으로서, 통일성에서 오는 지루함을 없앨 수 있는 원리를 말한다. 이런 변화는 시각적으로 자극을 주어 흥미와 재미를 부여할 수 있다.

점차적인 변화를 만드는 것으로 색상이나 라인, 패턴, 그리고 질감을 배합하는 것을 의미하며 디자인이 부분적으로 나누어지는 것을 피해야 한다. 변화의 표현에서 나타나는 분할현상은 한 지점에 한 가지 색이나 한 가지 질감만을 사용하고 또 다른 부분에는 다른 색과 다른 질감을 사용할 때 형성되므로 디자인의 통일감을 나타내기 위해서는 색상과 질감 그리고 형태를 적절히 배합한다. 변화는 화기와 꽃을 꽂는 형식 사이에도 존재해야 한다. 약간의 식물 소재들이 화기의 테

그림 8. 변화 원리의 예

두리를 둘러쌈으로써 자연스럽게 화기로부터 꽃꽂이의 형태로 나타낼 수 있다.

조화(Harmony)

조화란 두 개 이상의 여러 디자인 요소들의 상호관계가 분리되지 않고 잘 어울려 나타나는 미적 형식을 말한다. 즉, 균형감을 잃지 않는 상태에서의 변화와 통일을 포함한 전체적인 결합상태를 말한다.

화훼장식과 같이 인테리어 · 화기 · 꽃소재 · 부재료 등 많은 요소를 통합해야 할 때는 어떻게 조화를 연출하는가에 따라 다양하게 표현할 수 있다. 이때 넓은 의미로는 생활 · 풍토 · 시대상황 등이 조화를 표현하는 데 중요한 소재가 된다.

조화에는 동일한 요소로 조화를 이루는 방법과 서로 다른 요소로 조화를 표현하는 방법이 있다.

가. 유사조화

닮은 형태의 모양 · 종류 · 의미 · 기능끼리 묶어 동일감을 줄 수 있다. 유사조화는 동일감 · 친근감 · 부드러움을 줄 수 있으나 단조로워질 수 있으므로 적절한 통일과 변화를 주어야 한다.

나. 대비조화

대비조화는 극적이며, 강함 · 강조 · 대립 · 긴장 등을 나타낼 수 있다. 대비가 너무 강하면 조화가 깨질 수 있으므로 적절한 통일감을 주어야 한다.

균형(Balance)

균형은 꽃꽂이에서 소재들의 위치가 물리적이며 시각적인 안정감을 줄 때 달성된다. 물리적인 안정성이란 구조를 설정하는 주요 소재들의 위치에 따라 표현된다.

시각적인 안정성은 색채의 선택이나 소재들을 차례로 위치시킴으로써 얻을 수 있는데 일반적으로 색채에 의한 균형은 상대적으로 짙은 색채는 무거워 보이기 때문에 디자인의 아래쪽에 두며 상대적으로 엷은 색채는 중량이 가벼워 보이기 때문에 디자인의 위쪽에 두는 형태로 표현된다.

대부분의 화훼장식에서의 비율의 설정은 화기에서 비롯되며 작품을 놓을 공간과 목적에 따라 작품의 크기가 좌우된다. 전시장의 작품이라든지 넓은 홀의 작품과 같이 규모가 큰 작품에서는 꽃이나 잎, 줄기 외에 수석이나 고목 등 오브제적인 요소를 사용해 작품을 완성한다. 그러나 실질적인 작품의 크기가 시각적으로도 큰 규모로 느끼게 해 주는 것만은 아니며 반대로 크기가 큰 것이라도 잘못된 작품은 산만한 느낌과 보는 이로 하여금 전체가 아니고 아주 작은 일부만을 보는 듯한 착각을 주기도 한다. 각 구성 부분들의 비율이 잘 맞으면 시각적으로 균형이 잘 잡혀 보이게 된다. 물리적인 안정성과 시각적 안정성을 모두 표현할 수 있는 방법에는 세 가지가 있는데 곧 대칭적 균형과 비대칭적 균형, 그리고 비례가 있다.

그림 9. 균형 원리의 예

가. 대칭적 균형(symmetrical balance)

대칭적 균형은 동일한 물체를 가상의 선을 중심으로 양면에 똑같이 놓는 것으로 전통적인 장식은 이런 유형의 균형을 택하는 경우가 많다.

대칭적 균형은 정형적인 균형이라고도 하며 가상의 수직선상을 중심으로 양쪽에 동일한 시각적 비중을 지니게 된다. 이러한 동일한 시각적 비중은 똑같은 소재를 사용해 표현할 필요는 없다. 중앙선의 양쪽에 다른 소재를 쓰더라도 시각적으로 비중이 같으면 대칭적 균형이라고 할 수 있다.

그림 10. 대칭적 균형의 예

나. 비대칭적 균형(asymmetrical balance)

비대칭적 균형은 비정형적인 균형이라고도 하며 가상의 수직선상을 중심으로 양쪽이 서로 다르지만 시각적 중량이 같으므로 안정되어 보인다.

비대칭적인 것은 사고와 연상을 더 필요로 하지만 일단 이루어지고 나면 오랫동안 흥미로움을 유지하게 된다. 이런 균형에 있어 크기·모양·색채가 다른 물체들은 무수한 방법으로 사용될 수 있다.

다. 비례(proportion)

요소들 간의 상대적인 크기다. 즉 부분과 부분, 부분과 전체의 수량적 관계와 면적과 길이의 대비 관계를 말한다. 비례는 스케일과 밀접히 관계된 것으로 어떤 물체들로 채워진 면적 부위와의 관계를 나타낸다. 눈으로 느껴지는 크기는 실제 크기가 아닌 공간 속에서의 색·명도·질감·패턴·조명 등에 의해 영향을 받게 된다.

인간은 심리적으로 일정한 비율로 증가 또는 감소된 상태로 보려는 습성이 있으며 훌륭한 비례란 시각적으로 조화롭게 보이는 관계를 말한다. 예를 들어 황금비례·황금분할·황금비는 1 : 1.6184의 기본적인 조형원리로 어색하지 않고 모든 사람이 보기에 공통된 가장 평범한 크기를 말한다.

그림 11. 비례 원리의 예

리듬(Rhythm)

리듬이란 주제나 형식을 규칙적 또는 불규칙적인 간격을 두고 반복하는 것으로 일반적으로 규칙적인 요소들의 반복으로 나타나는 통제된 운동감이다. 리듬은 디자인 전체를 통해 시각의 움직임을 유도해 내는 선의 흐름이나 질감 그리고 색상의 흐름이다. 리듬은 공간이나 형태의 구성을 조직하고 반영해 시각적으로 디자인에 질서를 부여하기 때문에 대비와 다양성은 리듬에서 중요하다.

색상이나 텍스처의 반복에 대해 리듬을 말할 수 있지만, 보통은 형태의 관계 속에서 리듬을 표현하기도 한다. 반복(repetition), 교체(alternation), 점이(漸移, gradation)와 상관관계를 갖게 마련이다. 즉 이 원리는 반복 · 점이 · 대립 · 강조로 이루어진다.

가. 반복

하나의 디자인 원리로서 리듬은 반복에 근거를 두고 있다. 리듬은 똑같거나 혹은 유사한 요소들의 뚜렷한 반복을 의미한다. 색채 · 문양 · 질감, 선이나 형태가 되풀이됨으로써 이어지는 리듬이다. 이 경우는 규칙적으로 변화하는 형태의 반복으로서 연속적인 패턴의 느낌을 준다. 리듬은 비록 색상이나 명암, 또는 텍스처가 변화를 주는 요소가 될 수 있기는 하나 대개는 형태의 크기가 진행적으로 변화함에 따라 생겨난다.

리듬은 선의 형태, 꽃들 사이의 공간 또는 곡선의 단순한 반복이나 구성 내의 평면으로 표현될 수 있다. 반복은 화훼장식에서 주조색이나 가장 강한 라인 혹은 지배적인 형태나 질감을 반복해 사용함으로써 나타낼 수 있다.

그림 12. 반복 원리의 예

나. 점이

리듬의 또 다른 형태를 진행(progression) 또는 진행적(progressive)인 리듬이라 한다. 진행적인 리듬은 우리에게 매우 친숙한 것으로 일상적으로 경험한다. 형태들의 크기 · 방향 또는 색깔의 점차적인 변화로 생기는 이런 리듬은 효과적이고 극적일 수 있으며 독창적으로 구사할 수 있다.

크기나 색상 또는 사용되는 소재의 질감 등 혹은 꽃 사이의 간격 등 한 종류 이상의 요소들은 늘리거나 줄임으로써 점진적 변화를 유도할 수 있다.

다. 대비

대비는 두 개의 명백히 반대되는 것 사이에서 형성되는 감각상의 차이로 비교되는 현상을 말한다. 서로 반대되는 가치에 의해 자극이 형성되고, 그 특징과 속성들을 강조하기 위해 양자를 대립시킴으로써 새로운 의미가 강조되는 것이다. 작품에서 균형과 밀접한 연관을 지닌 대비는 색 · 크기 · 모양, 그리고 사용된 재료의 재질에 의해 이루어지는 조형의 요소로서 구성적 대비와 양적 대비, 형태적 대비, 질감적 대비, 색채적 대비를 들 수 있다. 대비란 서로 다른 성질을 가진 색채나 형태 또는 질감과 구성에 있어 강한 대비가 하나의 작품에서 전체적인 통일을 이루어야 한다.

라. 강조

강조란 흥미나 관심의 초점이자 중심이다. 시각적으로 중요한 것과 그렇지 못한 것을 구별하는 것을 말하는 것으로, 이러한 강조나 초점은 한 방에서의 통일과 질서감을 느끼게 하며 다른 모든 것은 그것에 종속되어야만 한다.

질감 · 색상 · 라인 · 색채 · 꽃 종류 등 하나를 주가 되도록 하고 다른 것을 부수적으로 사용한다. 꽃꽂이 디자인의 원리에서 독특하고 규칙적인 효과를 내는 역할을 하지만 그 형태나 주제 또는 색채가 전체와 동떨어짐 없게 하는 것으로, 전체적인 디자인 속에 자연스럽게 어우러지는 모습을 지닌다.

특히 초점은 작품의 중심이 되는 꽃으로 전체적인 구성과 조화를 더욱 강조하는 요소이다. 이는 작품상의 정점을 이루는 조건이 되기도 하는데 초점이 되는 꽃으로 흔히 화려한 꽃이나 강렬한 색깔의 꽃, 또는 무게와 함께 활력 있는 소재로서 시선을 집중시키는 역할을 한다.

그림 13. 강조 원리의 예

제6장

화훼장식의 실제 및 관리

1. 절화 장식

2. 분식물 장식

01 절화 장식

절화 장식의 실제

절화 장식은 자연의 재료를 주된 매개체로 해서 그 재료들이 보여주는 점·선·면·공간·빛·색채·질감·방향성 등에 의한 조화로운 구성으로 미적 감각을 표현하며 공간과 조화를 이루고 목적에 부합하려는 의도로 제작된다. 이러한 절화 장식 과정에서 구체적인 형태 디자인과 색채 계획을 먼저 진행하는 방법으로 감각적인 감성 이미지를 보다 효과적으로 표현할 수 있다. 화훼디자이너는 특정한 색과 형태로 자신의 디자인을 특별한 상징적인 존재로 만들 수 있기 때문이며, 효과적인 계획을 통해 작품의 이용도를 높일 수 있고 새로운 의미를 창출할 수도 있다.

표 1. 절화 장식 과정

디자인 의뢰	
↓	
디자인 개념 설정	① 고객 분석
	② 공간 분석
	③ 용도 파악
	④ 트랜드 분석
	⑤ 전체 컨셉, 환경 분석
	⑥ 디자인 방향 설정
↓	

색채 계획	① 색채이미지 방향 설정
	② 배색효과 설정
↓	
소재 계획	① 형태, 색채, 질감 설정
	② 가격 분류
↓	
디자인 전개	① 아이디어 스케치
	② 식물 소재, 부소재 컬러 결정 적용
	③ 전체 형태 디자인 전개
↓	
디자인 결정	① 디자인 채택
	② 시뮬레이션 제작
	③ 최종발표 및 협의
↓	
작품 제작	제작 및 설치

꽃다발

가. 원형 꽃다발

원형 꽃다발은 원형으로 굴곡 없이 나선형으로 디자인하는 법으로 자연스러운 디자인 방법 중 하나다. 17~18C 후반 프랑스 미술에서 기원했다. 이 디자인의 특징은, 한 점을 바인딩 포인트(기구상의 초점)로 해서 굴곡 없이 나선형이 되도록 한 방향으로 돌리고 밑의 잎을 깨끗이 정리하는 점이다. 주로 선물용 · 장식용 · 화동 · 약혼식 · 결혼식 용도로 쓰인다.

(1) 원형 꽃다발의 디자인 방법
- 소재의 10~15cm 이후를 다듬어 소재별로 나누어 놓는다.
- 중심의 꽃은 꽃다발 크기를 생각해 잘라 놓는다.
- 두세 송이씩 한 방향으로 사선으로 돌려가며 디자인한다.
- 그룹디자인을 하며 사이사이에 잎 소재로 사용하면 좋다.

- 끈으로 M.F.P(Mechanical focal point)를 한 번에 풀 수 있도록 고정한다.
- 줄기 정리는 밖에서 안으로 가위질해 균형을 잡아 세운다.
- 포장지를 이용해 포장한다.

그림 1. 원형 꽃다발의 유형

나. 프레젠테이션 꽃다발

프레젠테이션 꽃다발은 팔에 받쳐 드는 긴 꽃다발의 일방화 부케로 주로 증정용으로 사용한다. 주로 입학 · 졸업 · 환영 · 환송 · 영접 · 졸업 · 무대 · 증정용으로 쓰인다.

(1) 프레젠테이션 꽃다발의 유의할 점
- 작은 다발부터 큰 다발까지 다양한 크기를 만들 수 있다.
- 자연줄기를 그대로 이용한 일방화의 꽃다발이다.
- 포장에 따라 크기 조절이 가능하다.
- 꽃과 꽃 사이에 관엽이나 부직포를 넣어 볼륨감을 강조한다.
- 중심 소재는 길고 단단한 소재로 한다.
- 소재는 디자인하기 전에 다듬어 소재별로 나누어 놓는다.
- 긴 길이의 꽃은 꽃다발의 크기를 생각해 잘라 놓는다.
- 약한 잎은 2장씩 겹쳐서 쓴다.
- 바인딩 포인트를 중심으로 15 · 20cm 위에서 디자인을 마무리한다.

(2) 프레젠테이션 꽃다발의 디자인 방법

- 가장 긴 길이의 꽃이나 가지의 1/4~1/5 사이에 바인딩 포인트를 잡는다.
- 2~3가지씩 내려가며 디자인한다.
- 아래로 내려오면서 일방화 형태를 나선형으로 잡는다.
- V.F.P(Visual focal point) 부근에 그린을 그룹으로 넣어 부피감을 준다.
- 그린과 필러플라워를 넣어가며 전체적으로 마무리한다.
- 뒷부분에도 균형과 깊이감을 주기 위해 1~2송 넣어준다.
- 몸에 닿는 부분의 꽃은 짧게 디자인하며 잔꽃으로 마무리한다.
- 장방형의 꽃다발이므로 줄기의 장단을 주는 것이 일반적이나 같은 길이로 자르는 것이 포장하기 좋다.
- 물 처리(물솜 · 비닐 · 밴드)를 한다.
- 부직포 · 인조마를 이용해 포장한다.
- 리본으로 장식한다.

그림 2. 프레젠테이션 꽃다발의 유형

꽃꽂이

가. 플로랄폼 사용법

(1) 40초 정도면 충분히 물을 먹는다.
- 글씨가 있는 부분을 위로 올라가게 사용한다.

- 두 개 이상 겹쳐 사용하지 않는다.

(2) 화기에 고정할 경우, 일반적인 디자인은 2~3㎝ 정도 높게 하고, 아래 길이가 있을 때는 디자인에 따라 높게 한다.

(3) 화기에 고정될 때 손가락이 들어갈 정도의 공간이 있어야 한다.

(4) 고정 시 단단한 줄기를 가장자리에 올리고 테이핑 처리를 해야 테이프나 철사가 폼을 파고들지 않는다.

(5) 디자인에 따라 모서리를 다듬어 꽃을 꽂는 면이 많게 다듬는다.

(6) 꽃은 높이의 꽃이 들어간 2~3㎝ 정도가 기구상의 초점이고 그곳을 향하게 사선으로 잘라 꽂아야 물관의 넓이가 넓게 나온다.

(7) 칼라 · 아네모네 · 백일홍 등 속이 빈 꽃은 직각으로 자른다.

나. 원형 디자인의 꽃꽂이(Dome Style Arrangement)

원형 디자인의 꽃꽂이는 정면에서는 공을 반 자른 형상이며 평면으로는 원형으로 보이는 디자인 방법이다. 동로마제국의 건축양식(베드로 성당의 지붕)으로 가장 오래된 화형이며 초기에는 바구니의 높이만큼 높여 꽂았다고 기록되어 있다. 주로 콤포트를 이용하며, 테이블 장식, 콘솔 장식 등에 쓰인다.

(1) 원형 디자인의 유의할 점
- 메스플라워로 디자인하면 양감을 살리기 쉽다.
- 높이가 약간 높아 보이는 것이 좋다.
- 굴곡 없이 촘촘하게 꽂는다.
- 플로랄폼을 둥글게 다듬고 2~3cm 정도 높게 고정한다.
- 밑 처리부터 2/3 정도 한다.

(2) 원형 꽃꽂이의 디자인 방법
- 높이의 꽃은 0°로 플로랄폼 중앙에 꽂는다.
- 외선은 6~8개로 같은 크기로 90° 이상으로 꽂는다.
- 가시적 초점을 높이의 꽃과 외선 중앙에 꽂는다.
- 초점 부근을 굴곡 없이 같은 종류나 색상의 꽃으로 꽂는다.

- 외선을 보조해 형태를 살린다.
- 그린과 필러 꽃으로 마무리한다.

그림 3. 원형 꽃꽂이 유형

다. 타원형의 사방화 꽃꽂이(Horizontal Oval Arrangement)

타원형의 사방화 꽃꽂이는 1638~1715년 프랑스의 바로크시대에 베르사유 궁전의 화려한 장식에서 발생해 종장, 횡장, 사방화로 사방에서 볼 수 있게 하는 디자인이다. 형태는 타원형으로 정면에서는 선으로 구성되지만, 평면에서는 면 구성으로 이루어진다.

(1) 타원형의 사방화 꽃꽂이의 유의할 점
- 원을 나타내는 디자인은 외선을 2개씩 꽂으면 부드러운 곡선이 된다.
- 양쪽 길이를 대칭과 비대칭으로 디자인할 수 있다.
- Oblong <장방형, 직사각형, 타원형>이라고 한다.
- 테이블보 · 식기 · 도배지 등 주변 환경의 색상에 유의한다.
- 완성품이 테이블 전체면적의 1/9을 차지한다.
- 앉은 사람의 얼굴이 보여야 된다.
- 색이나 향이 강한 꽃, 가루가 떨어지는 꽃은 피한다.
- 밤에는 자주 · 보라색은 피한다. 파스텔풍의 꽃이 좋다.
- 밑 처리를 먼저 해도 된다.

(2) 타원형의 사방화 꽃꽂이의 디자인 방법

- 그린으로 밑 처리를 2/3 정도 한다.
- 시각상의 초점은 높이의 꽃으로 플로랄폼 중앙에 직각으로 15~20cm 정도 꽂는다.
- 긴 길이의 Out Line은 90도로 2개씩(간격 5cm) 꽂아 곡선을 살려주며, 라인 플라워를 사용할 수 있다. 테이블의 길이의 1/3(전체 1/9)이 넘지 않게 디자인하며, 꽃은 양쪽의 길이와 소재가 달라도 된다. 크기에 따라 외선의 수가 8~12로 표현된다.
- 짧은 길이의 외곽선은 90도로 대칭으로 2개씩 꽂아 곡선을 살려주며 테이블 폭의 1/3이 넘지 않게 꽂는다.
- 가시적인 시각상의 초점은 높이의 꽃과 외선, 두 개 사이에 꽂으며 여러 개다.
- 높낮이와 굴곡을 살려주면서 가시적인 시각상의 초점을 강조해 시각적인 미를 더해 준다.
- 큰 꽃은 낮게, 작은 꽃은 높게 표현해 굴곡을 준다.
- 굴곡을 주면서 외곽선을 보조해 타원형 형태를 살린다.
- 그린과 필러 플라워로 마무리해 화기가 보이지 않도록 한다.

그림 4. 타원형 사방화 꽃꽂이 유형

라. 수평형 바구니(Horizontal Basket Arrangement)

수평형 바구니는 수평형 형태로 디자인한 바구니 상품으로 기념일 · 축하용 · 선물용으로 많이 이용된다.

(1) 수평형 바구니의 유의할 점
- 외선을 90도 이상 흘러내리게 디자인한다.
- 부드러운 소재를 사용한다.
- 바구니 끈이 높은 것이 좋다.

- 카드를 바구니에 꽂아 사용한다.

(2) 수평형 바구니의 디자인 방법
- 밑 처리를 2/3 정도 한다.
- 높이의 꽃을 0°로 15~20cm 정도 플로랄폼의 중앙에 꽂는다.
- 양 옆길이의 꽃은 흐름을 주면서 90°이상 흘러내리게 꽂는다.
- 가시적인 시각상 초점을 사방으로 디자인한다.
- 가시적인 시각상 초점을 강조하며 곡선을 살려 디자인한다.
- 외곽선 보조를 비대칭으로 하면서 형태를 살린다.
- 그린과 필러 플라워로 굴곡을 주며 디자인한다.
- 리본으로 장식한다.

그림 5. 수평형 바구니의 유형

신부 부케와 코르사주

가. 코르사주(Corsage)

코르사주는 여자의 상반신 몸에 장식하는 꽃을 말한다. 본래 여자의 의상 상반신에 다는 꽃 장식이었으나 지금은 그 활용 범위가 머리부터 구두까지 장식하는 것으로 변했다.

코르사주의 형태는 삼각형 코르사주(Triangle Corsage ; 기본형), 라운드 코르사주(Round Corsage, Nosegay Corsage ; 자잘한 향기 나는 꽃으로 디자인한 것), 멜리아 코르사주(Mellia Corsage ; 용담초 · 프리지어 · 백합 · 글라디오러스 · 장미 등을 이용함), 팔지 코르사주(Wrist Let Corsage), 어깨 위 장식 코르사주(Shoulder Corsage) 등으로 분류할 수 있다.

(1) 코르사주의 유의할 점
- 철사 처리가 원칙이나 상업적인 응용상품으로는 줄기를 그대로 사용해 디자인한다.
- 물을 충분히 올린 다음 디자인한다.
- 드레스의 형태에 따라 디자인과 부착법이 다르므로 그 방법을 숙지해야 하며, 가능한 한 가볍게 제작해 몸에서 떨어지지 않도록 잘 부착해야 한다.
- 철사 처리 시 옷이 상하지 않도록 테이핑을 확실하게 한다.

(2) 코르사주의 와이어링 기법(Wiring Method)
- 감아주기(Twisting Method) : 안개 · 쏠리다스 · 노무라 등
- 가로지르기(Pierce Method) : 장미 · 카네이션
- 십자로 가로지르기(Cross Method) : 두꺼운 줄기를 가진 생화
- 줄기 속으로 수직으로 꽂아주기(Insertion Method) : 카라 · 아네모네
- 낚싯바늘 모양으로 꽂아주기(Hook Method) : 수국 · 과꽃 등
- 고리로 꽂아주기(Looping Method) : 프리지어
- 감아 내려오기(Securing Method) : 소철 · 스프링게리
- 지지대를 대고 뒤에 테이프로 붙여주기(Supporter Method) : 관엽
- 관엽 뒤에 줄기를 살짝 따서 삼각형이나 타원형으로 받쳐주는 것(Hair Pin Method)

그림 6. 코르사주 유형

나. 부토니아(Boutonniere)

부토니아는 남자의 몸에 장식하는 디자인으로 보통 1~2송이 꽃으로 구성하고, 한 송이에 다섯 장의 잎을 디자인한 것을 버튼 홀이라고 한다. 여자의 꽃다발에서 한두 송이를 남자의 양복단추 구멍에 꽂는 것에서 유래했다.

(1) 부토니아의 유의할 점
- 디자인할 때 꺾지 않는다.
- 리본을 달지 않는다.
- 그린의 철사 처리는 지철사를 사용한다.
- 부토니아는 양복 칼라 부분에 단다.
- 감사의 달에 많은 양의 코르사주를 주문 받을 때 부토니아 형식으로 디자인하기도 한다.

(2) 부토니아의 와이어링 기법(Wiring Method)
- 아이비 · 스킨답서스 : Hair Pin Method
- 편백 · 루모라 : Twisting Method

그림 7. 부토니아의 유형

다. 라운드 신부 부케(Bouquet Holder Round Bouquet)

라운드 신부 부케는 홀더를 이용해 디자인한 부케로 주로 결혼식 신부, 파티용으로 이용된다.

(1) 라운드 신부 부케의 유의할 점

제작시간이 짧고, 수명이 길며, 다양한 디자인을 할 수 있다.

 - 튜브본드는 뒤처리용으로 사용한다.
 - 스프레이본드는 제작 후 꽃에 묻지 않도록 안으로 넣어 얇은 비닐장갑을 착용
   하고 분사한다.
 - 오아시스폼을 다듬어 재사용 방법을 지도한다.

(2) 라운드 신부 부케의 디자인 방법

 - 뒤처리: 작은 잎으로 뒤집어 꽂고 U pin이나 본드로 고정한다.
 - 시각상 초점 10~12cm Holder 중앙에 디자인한다.
 - 시각상 초점을 중심으로 굴곡 없이 디자인한다.
 - 외곽선 6~8개 정도 약간 올려 디자인한다.
 - 가시적인 시각상 초점을 꽂는다.
 - Holder Plastic 부분에 본드 연결 (스프레이본드 없을 시) 필러플라워, 그린으
   로 마무리한다.
 - 손잡이 정리(Taping + Ribbon), 망사로 미끄러지지 않게 한다.
 - 리본(라운드일 경우- Streamer가 길고 많아도 좋다)

그림 8. 라운드 신부 부케의 유형

파티 꽃장식

가. 계절별 분류

표 2. 계절에 따른 기념일(Holiday) 꽃장식

Holiday	날짜	디자인	색채
신년행사 (New Year's Day)	1월 1일	밝은 고명도색 꽃을 사용하며 주로 센터피스 스타일을 디자인한다.	
밸런타인데이 (Valentine's Day)	2월 14일	빨강장미를 주로 사용하며 박스나 꽃병에 12송이 장미를 꽂아준다. 하트 모양 액세서리를 많이 사용한다.	
부활절(Easter)	4월	백합은 부활절 상징으로 백합 화분을 주로 사용하고 봄을 연상하게 하는 꽃바구니를 사용한다. 토끼, 병아리, 채색한 계란을 함께 디자인한다.	
어버이의 날 (Mother's Day)	5월 8일	전통적인 어머니날은 빨강카네이션을 옷에 달아드리는 것으로 했다.(사랑과 존경) 현재는 장미 꽃다발, 여러 가지 색의 코르사주, 바스켓, 꽃병꽂이, 꽃이 있는 화분으로 사랑을 전한다.	
핼러윈데이 (Halloween)	10월 31일	노랑호박을 주로 사용하며 그것에다 디자인해서 준다. 색은 주황과 검정을 이용하며 고양이 · 귀신 · 거미 등 액세서리를 사용한다.	
추수감사절 (Thanksgiving)	11월 넷째 주 목요일	가을에 맞는 색을 사용하며 과일 · 채소 · 곡식, 가을꽃이나 잎 종류를 사용한다. 대부분 센터피스로 사용되며 중심에 초를 꽂아주며 새 · 새집 등을 넣어주어도 좋다.	
성탄절 (Christmas)	12월 25일	리스 · 가란드 · 트리 · 포인세치아 화분, 선물 바구니, 센터피스 디자인이 주로 사용된다. 녹색과 빨강은 크리스마스의 전통적 배색이며 골드 · 실버 · 브론즈 등을 섞어서 화려함을 돋보이게 한다.	

(1) 신년행사

그림 9. 신년행사의 꽃장식

(2) 밸런타인데이

그림 10. 밸런타인데이의 꽃장식

(3) 부활절

그림 11. 부활절의 꽃장식

(4) 어버이날

그림 12. 어버이날 꽃장식

(5) 핼러윈데이

그림 13. 핼러윈데이 꽃장식

(6) 성탄절

그림 14. 성탄절 꽃장식

나. 주제별 분류

표 3. 개인 파티에 따른 꽃장식

주제	디자인	색채
돌잔치	상차림에 올라가는 꽃(센터피스)과 포토존에 어울릴 수 있는 테이블 장식을 주로 한다. 풍선 장식이 주로 같이 장식되는 경우가 많기 때문에, 풍선 컬러와 어울리도록 색채 계획을 한다.	여자 어린이 남자 어린이
약혼식	테이블 위에 놓이는 센터피스를 만들며 특별한 경우는 테이블 전체를 디자인하기도 한다.	
회갑 고희연	상차림에 올라가는 꽃과 테이블 위에 올라가는 센터피스를 디자인한다.	
생일파티 (와인파티)	생일파티는 주인공이 원하는 특별한 컨셉트가 있을 경우는 그 목적에 맞게 디자인할 수 있지만, 그렇지 않은 경우에는 연령·성별·장소 등을 고려해 디자인한다. 와인파티의 경우 초와 꽃을 잘 어울리게 장식하며, 주로 스탠딩파티인 경우가 많다.	

(1) 돌잔치

그림 15-1. 여자아이의 돌잔치 꽃장식

그림 15-2. 남자아이의 돌잔치 꽃장식

(2) 약혼식

그림 16. 약혼식 꽃장식

(3) 회갑, 고희연

그림 17. 회갑, 고희연 꽃장식

(4) 생일파티(와인파티)

그림 18. 생일파티 꽃장식

웨딩플라워

표 4. 웨딩 장소에 따른 꽃장식

장소	디자인	색채
웨딩홀	단상 · 꽃길 · 기둥에 꽃을 주로 꽂으며 웨딩홀의 분위기와 오브제에 따라 디자인하지만 거의 원형의 전통적 디자인을 많이 한다.	전체적으로 Pink · White · Peach 등 고명도 색을 주로 사용한다.
호텔	단상 · 꽃길 · 기둥 · 테이블 · 리셉션장 등 여러 곳에 꽃장식에 들어가며 전체적인 조명이 어둡고 스포트라이트가 있어 고급스러운 분위기를 보여주며 고객의 취향에 따라 디자인이 바뀔 수 있다.	꽃의 색채에 구애 받지 않고 여러 가지를 사용한다.
컨벤션	기업의 대강당이나 컨벤션홀에서는 장소가 넓고 인테리어가 고급스럽지 않기 때문에 오브제도 화려한 것을 사용하며 패브릭을 이용해 주변 장식을 하는 경우가 있다. 이곳에서도 단상 · 꽃길 · 주변의 데커레이션이 중요하다.	White · Pink · Peach · Green등 일반 웨딩홀보다는 다양한 컬러를 사용한다.
야외 웨딩	야외 웨딩의 경우 공간의 차단 없이 아주 넓기 때문에 집중적인 장식이 필요하며 오브제의 경우 아주 높고, 큰 것을 사용해 색다른 분위기를 연출해야 한다.	조금은 강한 색채를 사용하며 자연의 초록색에 어울리는 색을 사용한다.

그림 19. 웨딩 장소에 따른 꽃장식

공간 디스플레이

가. 화훼장식 디스플레이 실무

화훼장식 디스플레이는 생활공간 내에 문화공간을 조성함으로써 다른 점포와 차별화를 통해 기업과 상품의 이미지를 높여 판매율이 증가하고, 상업공간의 경우 쇼핑의 즐거움을 제공할 수 있다.

플라워 디자인 디스플레이 계획 시 고려할 사항으로는 상품을 돋보이게 하기 전에, 점포 분위기와 전체적으로 조화를 이루는지 확인 후, 유행과 계절감각을 살려 독창적으로 디스플레이한다. 또한 조명을 잘 이용하면 더 좋은 효과를 얻을 수 있다.

주로 화훼장식 디스플레이는 연출부분에 많이 이용되고 있으며, 절화 · 절지 · 절엽류를 비롯한 분화식물, 조화 등 다양한 소재를 사용해 공간의 목적에 맞는 이미지 연출을 목적으로 한다.

그림 20. 무대와 로비의 디스플레이 꽃장식

그림 21. 매장의 디스플레이 꽃장식

나. 조명

매장을 구성하는 요소는 많지만 그중에서도 조명은 시각에 의존하는 것으로서 인테리어 분위기는 물론 상품의 연출과 진열에서 그 역할은 크다. 조명은 상품을 매력적으로 표현하는 것이 목적이므로 광원과 기구를 적절히 활용하고, 단순히 밝기만이 아니라 매장과 취급상품의 특징을 표현할 수 있는 우수한 광원을 선택해야 한다.

생화를 이용한 디스플레이의 경우 조명 효과도 중요하지만 일정 기간 신선함을 유지할 수 있게 조명의 종류(광원)를 선택해야 한다.

(1) 조명 이용 시 유의할 점

 - 조도는 상품이 놓이는 위치에 따라 차이가 난다.

- 조명방법은 직접조명 또는 간접조명 등이 있고, 상황에 맞는 방식을 선택한다.
- 조명기구의 형태는 매장 분위기와 어울리는 것을 선택한다.
- 조명구의 기능은 회전반경 및 반사 각도를 고려한다.
- 조도의 배분은 연출부분을 위주로 밝기의 리듬을 준다.
- 분위기에 맞는, 설치된 식물의 특성에 맞는 형광·백열 등 빛의 질(광원)을 선정한다.
- 상품의 위치를 고려해 조명구의 위치를 정한다.
- 강조 부위를 정확히 비춤으로써 시각의 효율을 높인다.

표 5. 조명의 위치에 따른 연출 방법

위에서	가장 자연스러운 모습을 연출한다. 바로 위가 아니라 비스듬히(35°의 경사도) 위쪽으로 내려 비추는 것이 좋다.
아래에서	괴기스러운 장면을 연출하기 위한 조명으로 매장 내의 개성 있고 독창성 있는 연출을 위해 적용한다.
뒤에서	실루엣을 강조하거나 환상적인 분위기를 만들 때 뒤에서 비춘다. 간접조명의 연출이 직접조명보다 고급스러운 느낌을 주는 이유다.
옆에서	입체적인 느낌 또는 볼륨감을 강조하고 싶을 때는 옆에서 비춘다.
앞에서	평범하고 평면적인 느낌으로 매장에서는 별로 사용하지 않는다.

그림 22. 조명에 따른 연출

다. 파샤드(facede)

환경이 인간(소비자)에게 미치는 영향이 크듯 상품의 이미지는 그 상품을 둘러싼 판매환경의 좋고 나쁨에 의해 크게 달라지며, 매장 앞에 선 소비자는 한눈에 그 매장을 판단한다. 그 중 파샤드는 매장의 얼굴로서 상품의 성격과 가치를 판가름하는 기본 척도가 되고 있다. 불특정 다수의 통행인에게 공감을 형성하고 이미지 만들기의 강력한 매개체로서 매장의 정책이 반영되어야 한다.

(1) 파샤드의 종류

쇼윈도 · 사인(간판) · 출입문 · 차양 등이 있으며, 플라워디자인 디스플레이의 파샤드는 매장 출입구의 미니 화단 장식이나 분화 장식, 벽걸이 장식, 걸어 놓을 수 있는 화분 등을 예로 들 수 있다.

그림 23. 파샤드

라. 윈도 디스플레이

윈도 디스플레이는 상품의 시각적 표현으로서 보여주기 위한 진열장이라고도 할 수 있으며, 거리의 통행인이 점포 안으로 들어오지 않고도 밖에서 볼 수 있게 유리창으로 되어 있다.

윈도의 직접적인 역할은 점포와 고객을 이어주는 다리 역할을 하는 것으로서 상품의 정보를 제공하며 고객으로 하여금 구매 욕구를 느끼게 해서 판매를 유도하는 것이다. 윈도의 간접적인 역할은 거리환경을 아름답게 장식하며, 현대사회의 정보매개체로서 그 시대의 유행 · 경향 · 관습 · 미적인 감각을 표현하고, 그 나라의 문화수준을 가늠하는 척도가 되기도 한다.

플라워디자인 윈도 디스플레이 연출은 통행인의 시선을 끌어 관심을 가질 수 있게 하며, 매장의 독특한 개성을 표현해 이미지 확립의 바탕이 될 수 있고, 계절의 변화와 분위기를 조성할 수 있는 역할을 한다. 또한 경영전략·영업정책이 반영되어야 하며 업종·업태·규모 등의 차이에 따라 연출 방향이 달라야 한다.

그림 24. 윈도 디스플레이 꽃장식

마. 액세서리

계절을 돋보이게 하거나, 이용 가능한 계절별 액세서리를 분류한 내용은 다음과 같다. 봄에는 파스텔 톤의 꽃·스카프·그림 액자·화병·봄꽃이 피는 분화 등이, 여름에는 모형배·밀짚모자·모래·조개·부채·여름과일·모형얼음·야자수잎·모형해·파라솔·토인인형·색상이 화려한 액세서리 등을 이용할 수 있다. 가을에는 낙엽·책·가을과일·곡식 다발(드라이 소재)·갈대·낡은 가방·중절모·골드빛 액세서리·테니스라켓·바구니 등이 있다. 겨울에는 리스·초·와인·빨강과 초록 테이블보·와인잔·선물상자·작은 종·눈송이 모형 등이 있다.

그림 25. 꽃장식과 액세서리

바. 디스플레이의 과정

(1) 디스플레이를 의뢰한다.

(2) 매장 내 및 윈도의 크기 · 상태를 확인한다.

(3) 디스플레이 경향 · 사이즈를 결정한다. 함께 진열된 상품이 무엇인지, 전체적인 주조색과 보조색을 선택하고, 유행색 · 계절색 · 상품색 · 점포 상징색을 확인한다.

(4) 소재와 소도구를 선택한다. 조명상태, Back ground의 재료와 색채, 소재의 질감을 선택한다.

(5) 예산을 조정한다. 작품의 수와 소재의 변경이 있을 수 있으므로 예산을 조정한다.

(6) 제작한다. 제작 시 필요한 인원 및 용구를 점검하고, 매장 내 이동통로 및 시설물 위치를 확인한다. 절대, 작업시간을 엄수한다.

(7) 완성한다. 작품의 주위를 청결하게 정돈하며 고객의 반응을 조사해 추가 보완한다.

02 분식물 장식

분식물 장식의 기본 방법

가. 배수구가 없는 용기의 배수층 처리

○ 분식물 장식의 규모가 작은 경우, 숯조각을 이용해 배수층을 만들면 정화작용까지 겸할 수 있다.

○ 숯에 식물의 뿌리가 직접 닿지 않도록 배양토로 경계를 두고, 식물을 심는다.

○ 수경형 정원의 경우 숯은 정화작용을 위해 필수적으로 쓰는데, 보통 통숯을 이용하고, 가벼워 뜰 수 있으므로 무거운 배지(마사·맥반석 등)로 처리 후 식물을 식재한다.

그림 26. 배수구 없는 배수층 처리

나. 지제부(地際部; 토양과 지상부의 경계부) 모아 뿌리 정리하기

○ 화분에서 흙을 털어내고 뿌리를 가지런히 정리한다.

○ 지제부를 모아가며 식물의 얼굴을 만들어본다.

○ 가장 맘에 드는 얼굴을 결정한 후, 뿌리 부분을 자연스럽게 펼쳐준다.

○ 뿌리는 용기 안 쪽 중심식물을 향하도록 해서 건조 스트레스를 적게 받도록 한다.

○ 특히 덩굴성 식물인 경우, 작은 돌을 괴어 얼굴을 높여주면 바라보는 각도가 자연스럽다.

그림 27. 지제부 모아 뿌리 정리하기

다. 식물체 얼굴 정하기

○ 식물체의 모양을 보기 좋게 잡아 앞얼굴을 정한다. 앞쪽으로 작고 낮은 잎이 보이고 후면에 크고 높은 잎을 배치한다.

○ 식물체를 쥐고 심을 때는 줄기 가운데를 꼭 쥐지 말고 지제부를 살짝 잡고 뿌리를 고정해야 답답해 보이지 않는다.

그림 28. 식물체 얼굴 정하기

라. 심기 전 노란 잎과 상한 뿌리 정리

○ 화분에서 꺼내어 사용할 만큼 포기를 나눈다.

○ 노란 잎, 시든 잎, 썩은 뿌리를 제거한다.

○ 뿌리가 너무 길 경우, 용기 식재 높이를 기준으로 적당한 길이로 자른다.

그림 29. 심기 전 노란 잎과 상한 뿌리 정리

마. 바위 틈에서 나온 듯한 식물 연출법

○ 자연석 사이에 심어 바위 틈에서 나온 듯한 자연미를 연출한다.

○ 화산석이 놓일 위치를 잡고, 기준이 되는 지점에 돌을 배치한다.

○ 뿌리 방향을 본래 모습대로 가지런히 배치한다.

○ 기준이 되는 화산석을 약간 들어, 뿌리 방향을 용기 중심으로 향하게 한 후 배양토를 덮은 후 나머지 화산석으로 식물의 줄기와 잎이 돌에 눌리지 않도록 지그시 고정한다.

그림 30. 바위 틈에서 나온 듯한 식물 연출법

바. 식물체 고정 확인

○ 뿌리가 심긴 부분을 손가락으로 찔러보아 배양토가 부족한 부분에 배양토를
충분히 채운다.

그림 31. 식물체 고정 확인

사. 자연 이끼의 처리방법

○ 잔디밭과 같이 식물이 땅을 덮은 듯한 표현을 할 때 자연 이끼를 이용한다.
○ 나무줄기나 낙엽 등을 제거한 후, 이끼의 모양이 흐트러지지 않도록 물기를
준다.
○ 양 손바닥으로 마주 잡은 상태에서 이끼 조직들이 떨어지지 않도록 가장자리
에 힘을 주어 뜯는다.
○ 이끼를 손바닥에 엎어 놓고, 물기가 있는 배양토를 엎어 볼록한 모양으로 만
든 후 배치할 장소에 놓는다.
○ 이끼의 가장자리를 안쪽 방향으로 감싸면서 깔끔하게 정리한다.

그림 32. 자연 이끼 처리방법

아. 통숯의 이용방법

○ 세로로 자를 경우 나무의 결을 따라 가위집을 넣어주면 쉽게 갈라진다.
○ 통숯을 동그란 상태로 키를 낮출 경우엔 쇠톱으로 자르거나 망치로 한 점을 세게 쳐서 이용한다.
○ 전정가위로 숯에 사선으로 가위집을 주면 반짝반짝한 반사면이 많아 더 매력적이다.
○ 세로로 조각을 내어 두껍지 않은 경우, 전정가위 충격으로 크기를 줄일 수 있다.
○ 수경용으로 이용 시, 검은 물이 나오지 않을 때까지 씻어 사용해야 한다.

그림 33. 통숯 자르기

자. 색모래(color stone)층 만들기

○ 색모래를 장식한 유리면에 배양토가 묻지 않도록 깨끗이 닦는다.
○ 배양토의 곡선을 자연스럽게 정리한다.
○ 숟가락을 유리벽 쪽 방향으로 해서 벽에 붙여 색모래를 장식하며 유리면 앞쪽에서 색모래의 두께와 모양을 살핀다.
○ 배양토에 처음 장식하는 색모래는 검은색으로 해야 다른 색깔의 색모래가 더욱더 강조된다.
○ 색모래끼리 섞이지 않도록 주의하고 각 색의 특징·두께 등으로 자유롭게 표현한다.
○ 색모래층 장식을 고정하기 위해서는 배양토로 한 층 덮어준다.
○ 색모래 장식에 치우쳐 색모래층이 식재 부위 이상으로 올라오지 않도록 주의한다(식재층 높이를 결정해 놓고 그 이하에서 마무리하는 것도 좋은 생각임).

그림 34. 색모래층 만들기

차. 마사토, 옥자갈 등 표면 장식하기

○ 쇠숟가락을 이용해 장식배지로 경사진 길이나 계곡을 만들어준다.

○ 포인트가 되는 장식배지를 강조할 때, 배경은 자연스러운 색과 질감을 가진
   마사토나 맥반석으로 장식한다.

○ 비취색 큰 옥돌은 시원한 느낌을 더해 줄 수 있다.

○ 장식배지는 그룹으로, 섞이지 않게 하는 것이 돋보이게 하는 포인트다.

○ 표면 장식 후 용기의 가장자리를 깔끔하게 마무리한다.

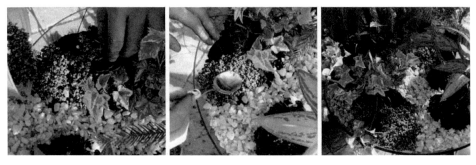

그림 35. 표면 장식하기

카. 식물체 형태 정리하기

○ 키가 큰 식물체의 잎이 다른 식물체의 관상을 방해하는 경우에는 단정하게 정
   리한다.

○ 노란 잎이나 시든 잎은 잘라준다.

그림 36. 식물체 형태 정리하기

타. 스프레이 관수

○ 투명용기를 사용하는 경우에는 배양토에 물기가 있는 정도를 용기 바닥에서
   확인할 수 있다.

○ 접시정원에는 생각보다 많은 배양토가 사용되므로 시간차를 두어 물이 충분
   히 흡수되도록 한다.

○ 수경장식의 경우 물을 흘러넘치게 해서 깨끗하게 세척한 후 완성한다.

그림 37. 스프레이 관수하기

분식물 장식의 실제

가. 공중걸이(hanging basket)

유럽을 여행하거나 잡지에서 보면 거리 곳곳에 유난히 공중걸이가 많이 보인다. 처음에는 그곳의 기후가 겨울에는 너무 춥지 않고 여름에는 우리나라처럼 집중 장마가 없으며 자주 비가 뿌려 쉽게 관리할 수 있기 때문이라고 생각했다. 동시에 유럽인들은 꽃을 사랑하는 문화가 있는 국민이어서 역시 다르다고 생각했다. 그러나 꽃을 사랑하는 문화 이전에 공중걸이가 거리의 걸이대나 레스토랑 앞에 많이 걸려 있는 것을 보다 보면 공중걸이의 용도가 상업적인 이윤창출과도 관계가 있다는 것을 알게 된다. 우리나라도 몇 년 전부터 관공서 앞에 덩굴성 페튜니아 공중걸이가 걸리기 시작했고 겨울이 오기 전까지 삭막한 거리를 화사하게 꾸며줬다.

사람들은 잎이 무성한 나뭇가지가 머리위로 드리워진 숲 속을 거닐 때 편안하고 행복한 느낌을 가진다. 실내공간에 대형 수목을 배치할 수 없는 경우 걸이분에 심은 식물을 사람들 머리 위에 드리우면 숲 속과 같은 편안한 분위기를 조성할 수 있다. 이때 여러 가지 종류의 식물들이 공중걸이 디자인 속에 들어가 계절에 따라 다른 느낌을 전해 준다면 더없이 훌륭할 것이다. 관공서 앞뿐만 아니라 더욱 다양한 장소에 도입될 필요가 있다.

(1) 공중걸이 이용 시 주의할 점

장소의 안전성을 고려해 규모와 용기의 재질 등을 선택해야 한다. 사방에서 즐길 수 있는 모양의 경우, 식물과 배양토가 많이 소모되고, 배양토가 충분히 물을 머금었을 때는 무게가 많이 나간다. 보통 처마 밑이나 베란다·현관 등 무게를 지탱할 수 있는 장소에 매달아 즐긴다.

실내의 경우에는 물받침이 함께 부착되어 있거나 배수구가 없는 분을 이용해 쾌적한 실내공간을 연출할 수 있다.

(2) 공중걸이에 적합한 식물

주로 덩굴성이나 반덩굴성 식물, 잎이 긴 것, 잎이 아름다운 것, 꽃이 아래쪽으로 피는 것 등 아래에서 위쪽 방향으로 바라보았을 때 그 식물의 장점을 살릴 수 있도록 식재하는 것이 포인트다. 입체적인 장식을 필요로 하는 공간 및 좁은 공간에서는 벽이나 공중에 걸어 효과적으로 이용할 수 있다.

덩굴성 식물 종류로는 아이비 · 러브체인 · 녹영 · 필로덴드론 옥시카르디움 · 스킨답서스 · 호야 · 산호수 · 트라데스칸티아 · 제브리나 · 뮤렌베키아(트리안) · 아스파라거스 등이 있다. 포복줄기에 어린 포기가 달리는 식물로는 접란 · 바위취 등이 있다. 덩굴식물만큼 길게 늘어지지는 않지만 걸이분에 심으면 어린 포기를 아래로 늘어뜨려 재미있는 구성을 이루게 된다.

잎과 더불어 꽃을 관상할 수 있는 식물로는 베고니아 · 제라늄 · 펠라고니움 · 덩굴성 페튜니아 · 임파티엔스 · 일일초 · 미니장미 · 만데빌라 · 덩굴성 재스민 · 브라이달베일 · 틸란드시아 시아네아 등이 있다.

이외에도 보스턴 고사리의 녹색 잎, 착생난인 반다(Vanda)의 아래로 뻗어 내려오는 긴 뿌리가 매력적이다. 벌레잡이통풀이나 수염틸란드시아(Tillandsia usneoides)는 독특한 모양으로 이국적인 분위기를 연출할 수 있고, 특히 우리 자생식물인 털머위 · 해국 · 산호수 · 바위취 등도 공중걸이 디자인에 적합하다.

(3) 공중걸이의 관리

공중걸이를 만든 직후 적응을 위해 일주일 정도는 밝고 따뜻한 장소에 두고, 여름에는 직사광선과 강한 바람이 닿지 않는 서늘한 그늘에 배치한다. 적응된 후 식물이 좋아하는 광 조건을 고려해 미리 계획했던 장소에 배치한다. 11월 하순께에는 기온이 내려가므로 실외에 있는 것은 실내의 해가 잘 드는 곳에 들여놓고 관리한다.

실외 공중걸이는 실내에 비해 건조하기 쉽다. 높은 곳에 매달려 있어 보통 화분보다 물주기 횟수가 늘어날 수 있으므로 배양토의 수분 상태를 관찰해 물을 준다. 실내 공중걸이의 경우 장식물을 아래로 내려 충분히 물을 주고, 과다하게 물이 흐르지 않을 때까지 기다려 제자리에 배치한다.

(4) 공중걸이 실제 만들어보기

① 공중걸이에 비닐을 깐 것은 물빠짐 면에서
는 좋지 않으나 실내나 베란다에서 물 준 후 낙
수 때문에 곤란해지는 것을 줄이기 위해서다.
물고임으로 인한 썩음을 방지하기 위해 제일
아랫부분에 숯조각을 넣고 그 위에 무게가 가
볍고 배수가 좋은 난석을 깐 후 배양토를 넣고
완효성 고형비료를 주었다.

② 비료가 바로 뿌리에 닿지 않도록 다시 한 번
배양토를 깐 후 식물을 식재한다. 브라이달베
일을 화분 가장자리에 먼저 심는다.

③ 브라이달베일 2포트를 둥글게 심고 사이사
이에 배양토를 잘 채워준다.

④ 미니장미를 포트에서 꺼내어 가운데로 둥
글게 심어준다.

⑤ 식물 사이를 배양토로 채우고 제일 윗부분은 마른 이끼를 물에 충분히 적신 후 깔아주어 마무리 했다. 물 줄 때 가벼운 펄라이트가 떠서 흘러내리는 것을 방지할 수도 있고 수분 유지에도 효과가 있기 때문이다. 물을 충분히 준다.	⑥ 꽃이 피고 난 후에는 재빨리 시든 봉오리를 제거해야 다음 꽃이 빨리 핀다.

나. 접시정원(Dish Garden)

접시정원은 넓적한 접시 모양의 용기에 여러 가지 식물을 함께 심어 만든 축소된 정원의 형태를 말한다. 용기 재료는 유리 · 도자기 · 플라스틱 등 재질에 상관없이 항아리 뚜껑 · 접시 · 화분받침 등 자유로운 분식물 장식을 시도할 수 있다.

(1) 접시정원 이용 시 주의할 점

배수구멍이 없는 용기의 경우 토양이 과습해지는 것을 막기 위해 꼭 배수층을 만들어야 한다. 또한 접시의 깊이가 낮으므로 배양토가 충분히 담길 수 없지만 용기 내 키 큰 식물을 중심으로 배양토를 높게 북돋워 식재하면 충분한 배양토가 이용될 수 있다.

생태형이 비슷한 식물들끼리 모아 심으면 관리하기 쉽고, 생태형에 따라 건조형 · 적습형 · 수경형 접시정원으로 나눌 수 있다.

(2) 접시정원에 적합한 식물

접시정원의 완성 후 가능하면 그 모습 그대로 유지되는 것이 중요하므로 자라는 속도가 느리거나 외부환경에 따라 모습이 쉽게 변하지 않는 식물을 선택하는 것이 좋다. 또한 뿌리 부분이 너무 발달한 식물은 식재하기에 적당하지 않다. 가능하면 생태형이 비슷한 식물끼리 모아 심는 것이 관리하기에 좋다.

큰 키 나무 모양의 식물로는 폴리시아스 · 파키라 · 테이블야자 · 드라세나류 · 백량금·아라우카리아 등이 있고, 중간 키 나무 모양의 식물로는 칼라데아류·코르딜리네·마란타·페페로미아·필로덴드론류·필레아류·싱고니움·비제티접란·스파티필룸·아글라오네마 등이 있으며, 작은 나무 모양의 식물로는 무늬 산호수·자금우·황금사철나무·크로톤·백정화·피토니아·무늬 석창포·왜란 등이 있다. 땅을 덮는 식물로는 이끼·셀라지넬라·솔레이롤리아·푸밀라 고무나무 등이 있고, 늘어뜨려지는 식물로는 아이비·마삭줄 등이 있다.

이외에도 화산석·자연석·자갈·통숯 등으로 경관을 연출할 수 있다.

(3) 접시정원의 관리

실내 광이 드는 거실의 장식장이나 테이블 위에 장식한다. 접시정원은 보통 배수구멍이 없는 용기이므로 한꺼번에 물을 많이 주는 경우, 배양토가 물을 흡수하기 전에 배수층에만 물이 고이므로 압축식 분무기 등을 이용해 식물체 뿌리 부분으로 천천히 물이 스며들도록 시간차를 두어 물을 준다. 천천히 공급한 물이 배수층에 고일 만큼 충분히 준다. 혹시라도 물을 과다하게 주어 접시 용기가 물로 채워진 경우, 식물의 생육을 생각해 물을 스며들게 하는 종이로 과다한 물을 빨리 제거해 준다.

(4) 접시정원 실제 만들어보기

① 얕은 접시라면 어떤 모양이어도 좋다. 배수구멍이 없으므로 물정화의 역할을 하는 입자숯을 바닥에 깐다.

② 입자숯 위에 난석과 배양토를 넣는다.

③ 배양토 위에 완효성 비료를 조금 뿌린 후 다시 배양토로 덮는다.

④ 식물의 심을 간격을 막대 등으로 구획한다.

⑤ 키가 작고 관리하기 쉬운 다육식물 위주로 구획별로 식재해 보자. 뿌리 부분은 다소 무거운 자갈이나 마사토로 눌러준다.

⑥ 같은 종류를 반복해서 심을 경우는 서로 사선으로 심는다.

⑦ 8가지 다육식물의 심기를 마친다.

⑧ 마사가 보이지 않도록 서로 다른 질감의 색돌로 윗부분을 장식한다. 구획해 놓은 막대를 치우면 작품이 완성된다.

다. 테라리움

테라리움(terrarium)이란 라틴어의 terra(땅)와 arium(용기·방)의 합성어로 습도를 지닌 투명한 용기 속에 식물을 재배하는 것을 말한다.

(1) 테라리움의 원리

자연 속에서 자라고 있는 식물의 생리작용과 대기의 자연 순환법칙을 이용한다. 뿌리에서 빨아올린 물이 식물의 기공을 통해 배출되면 유리벽에 물방울로 맺혔다가 떨어져 다시 뿌리로 흡수된다. 낮에는 잎에서 탄소동화작용에 의해 탄산가스를 흡수하고 산소를 내뿜으며, 밤에는 호흡작용으로 산소를 흡수하고 탄산가스를 내뿜는 산소의 순환으로 지탱된다. 물과 산소의 순환이 용기 자체 내에서 이루어져 관리가 편한 장점이 있다.

용기의 개방 여부에 따라 용기가 뚜껑으로 닫힌 밀폐식 테라리움(closed terrarium, 내부의 습도가 높기 때문에 습기에 잘 견디는 식물이 유리함)과 용기의 일부분이 열린 상태의 개방식 테라리움(open terrarium, 일반적인 실내식물들이 이용될 수 있고, 생태적으로 비슷한 식물들끼리 심어 관리할 수 있도록 함)으로 나눌 수 있다.

(2) 테라리움 이용 시 주의할 점

테라리움 대부분은 투명 용기 안쪽에 식물을 식재해 그 공간 안에서만 식물이 자라므로 너무 빨리 생장하면 금세 답답해진다. 가능하면 그 모습을 유지할 수 있는 환경 조건 및 관리방법을 터득하는 것이 필요하다.

테라리움에 이용할 수 있는 용기로는,

- 광선의 투과가 유리한 용기
- 식물 생장에 필요한 토양을 넣을 수 있고 지탱할 수 있는 용기
- 식물 생장에 필요한 공간·공기·수분을 갖출 수 있는 용기
- 주변의 위치와 분위기에 따라 용기의 모양과 질, 크기 결정
- 바닥이 밀폐된 용기라면 제한 없이 이용 가능하다(표본병·어항·수족관·양주병 등).

투명한 용기로 유리와 아크릴 제품을 비교한 표는 다음과 같다.

표 6. 투명한 테라리움 용기의 재질 비교

	유리제품	아크릴제품
장점	투명하고 변색이 안 됨	가볍고 깨지지 않음
단점	깨지기 쉽고 무겁고 값이 비쌈	오랜 시간이 지나면 변색이 잘되고 표면에 상처가 남

테라리움 용기에는 수족관이나 어항처럼 용기 내에 손을 자유롭게 넣어 작업하고 식물을 심을 수 있는 것도 있다. 그렇지만 경우에 따라서는 양주병처럼 용기의 입구가 좁은 것도 이용할 때가 있는데, 이때는 도구 없이 그대로 식재하거나 토양을 채워 넣기가 어려우므로 용기 내에 토양을 넣거나 식재 및 관리하는 테라리움용 도구로 깔때기·분무기·전정용구·작업봉·꽃삽·핀셋 등이 필요하다.

표 7. 테라리움 작업 시 필요한 도구의 기능 및 사용방법

도구명	기능 및 사용방법
청소기구	테라리움 제작 작업이 끝나면 용기 안쪽의 흙을 털어주기 위한 기구로 붓이나 긴 나무젓가락 끝에 솜을 뭉쳐 만듦
깔때기	용기 내에 흙을 채우거나 식물을 심고 난 다음 뿌리 근처에 흙을 채워주기 위한 긴 유리기구
숟가락	흙구멍을 팔 때 사용하며 길이가 긴 나무 끝에 티스푼을 매달아 만듦
안착기 (placer)	심을 식물을 안착시켜 병 속으로 넣기 위한 기구로 긴 철사 끝에 고리 모양을 만듦
집게	핀셋과 같은 역할을 하고 식물을 집어넣는 데 사용함
분무기	압력을 가해 미세한 입자가 지속적으로 분무되는 압축 분무기가 이용하기에 편함
전정기구	식물이 웃자라거나 보기 좋지 않을 때 관리함

테라리움에 적당한 용토는 일반적으로 가볍고 공기가 잘 통해야 하고, 병균과 벌레가 없어야 한다.

표 8. 테라리움에 사용되는 용토

구성	적정재료 및 사용방법
배수층	자갈 · 화분조각 · 펄라이트 · 경석 · 화산석 · 목탄 등
상토층	적합한 토양은 버미큘라이트 · 펄라이트 · 피트모스 등이 좋다. 부엽토나 모래를 사용할 경우, 반드시 소독하고 퇴비를 섞을 때는 완숙한 것을 써야 한다.
표면층	색깔 있는 모래와 이끼 · 펄라이트 · 자갈 · 해미석 · 옥석 · 조개껍질 등

(3) 테라리움에 적합한 식물

용기 안에 심겨질 수 있는 작은 식물이 주로 이용되고, 비슷한 성질의 식물들끼리 식재해야 관리가 용이하다. 높은 습도와 일정한 온도, 실내 공간의 낮은 광도에서도 생존이 가능하며, 식물의 생장이 느려 잘 자라지 않는 식물류를 선택한다. 주로 이용되는 식물은 잎보기(잎 색, 잎 모양이 아름다운)식물 중 크기가 작고 환경적응성이 뛰어난 식물들로 싱고니움 · 푸밀라 고무나무 · 드라세나류 · 피토니아 · 접란 · 아글라오네마 · 페페로미아 · 호야 · 마란타 · 테이블야자 · 코르딜리네 · 필레아 · 셀라지넬라 · 아디안텀 · 프테리스 · 네프롤레피스 · 아스플레늄 등이 있다.

◆스파티필럼, 푸밀라고무나무, 드라세나 산데리아나, 크로톤, 피토니아 '핑크스타', 미니 페페로미아, 필레아 글라우카, 아이비, 인삼벤자민(Ficus retusa)

그림 38. 테라리움에 주로 이용되는 식물

(4) 테라리움의 관리

테라리움 내의 식물은 너무 빨리 생장하면 금세 볼품이 없어지고 분갈이를 해야 하므로 식물의 생육에 지장이 없는 범위에서 가능한 한 생장을 지연시킬 수 있도록 하는 관리가 필요하다. 주로 광이 잘 드는 거실의 장식장이나 테이블 위에 장식하고 직사광선이 바로 드는 곳, 겨울철 난방이 되지 않는 장소, 창가 찬바람이 드는 곳은 피해 배치한다.

용기의 내면에 수분이 말라 보일 때, 배수층으로 이용한 배지에 물이 고일 정도로 미세한 입자의 스프레이를 이용해 물을 준다. 배수구멍이 없는 용기이므로 배양토의 과습으로 인한 피해가 발생할 수 있으므로 물이 배양토로 스며드는 것을 잘 관찰하면서 물을 주어야 한다. 용기 내에 물이 과하게 들어간 경우, 그대로 두지 말고 흡수지를 넣어 과도한 물을 제거해 준다. 유리용기 내부에 물방울이 맺힐 때는 수분이 과다하거나 외부온도가 낮기 때문이므로 실내온도를 높이거나 뚜껑을 개방한다. 용기 내에서 심한 악취가 날 때는 뚜껑을 개방하고 문제가 있는 식물체를 제거한 후 배양토를 다소 건조하게 관리한다.

(5) 테라리움 실제 만들어보기

| ① 배수구멍이 없는 용기에 굵은 입자 배양토를 이용해 배수층을 만든다. 정화 기능이 있는 입자숯을 이용하면 좋다 | ② 입자숯에 뿌리가 직접 닿지 않도록 배양토로 식재 부위와 구분을 지어준다. | ③ 용기의 앞을 정하고, 그것을 기준으로 숟가락을 유리벽면 쪽으로 해서 색모래층을 만들고, 배양토를 이용해 색모래층을 고정한다. |

④ 키가 큰 중심 식물(파키라)을 용기 중앙의 약간 뒷부분으로 중심을 잡는다.

⑤ 중심 식물을 기준으로 사방에서 볼 수 있도록 식물의 얼굴 방향을 정해 뿌리 부분을 중심 식물 쪽으로 모아 심는다.

⑥ 가지런히 정리한 식물 소재를 놓고 배양토를 약간씩 다져주면서 고른다.

⑦ 뿌리를 잘 고정하되 진압하지 않는다. 용기 가장자리에 낮게 심은 밝은 색깔의 식물을 강조하기 위해 검은색 화산석(첨경물)과 조화시켜준다.

⑧ 자연석과 통숯 등 첨경물의 배치가 끝나면 배양토 표면을 이끼나 작은 자갈 등으로 깨끗하게 마무리한다. 자연스러운 분위기를 위해서는 마사토를 색돌보다 많이 사용한다.

⑨ 표면장식을 한 후 압축분무기를 이용해 식물체의 잎과 뿌리 부분, 용기 안쪽 벽을 깨끗이 씻어주면서 분무하고, 배수층에 물이 고일 만큼 물을 준다.

라. 토피어리

용기에서 자연스럽게 자라고 있는 식물을 자르고 다듬어 동물 모양이나 구형, 하트 모양 등의 형태로 만든 것을 토피어리(topiary)라고 한다. 그러나 관엽식물이나 다육식물을 이용한 토피어리는 전정하는 것보다는 철사나 철망, 나뭇가지 등으로 원하는 형태의 틀을 만들어 식물이 자라고 있는 용기에 꽂거나, 틀 내부 가장자리를 이끼로 가린 후 그 속에 토양을 채워 식물을 심는다.

(1) 토피어리 이용 시 주의할 점

물을 줄 때 배수되는 물이 흐르지 않도록 토피어리를 담을 수 있는 적절한 용기가 필요하다. 평면적으로는 하트 모양이, 입체적으로는 구형·원추형이 가장 많이 이용되는 형태이며 각종 동물 모양은 강한 흥미를 유발한다.

(2) 토피어리에 적합한 식물

줄기가 기어가고 잎이 작으며 빨리 새순을 내는 식물이면 좋다. 줄기가 기어가지는 않으나 잎이 촘촘한 것은 구형의 토피어리를 만들 수 있다. 식물이 자라면서 틀 외부를 덮어 특정한 형태를 나타내도록 유인한다. 또한 대부분의 관엽식물이 이끼를 배지로 하는 이끼볼 장식으로도 많이 이용된다. 주로 푸밀라 고무나무·아이비·러브체인·뮤렌베키아 등과 같은 덩굴성 식물이 많이 이용된다.

(3) 토피어리의 관리

이끼 채움 토피어리 관리는 흙이 없기에 물주기와 습도조절이 중요하다. 자주 물을 주고, 형태를 유지하기 위해 다듬기를 자주 한다. 생장이 활발한 시기에는 이주일에 한 번 정도 묽은 물비료를 잎에 분무해 준다. 상한 잎이나 죽은 잎은 즉시 처리한다. 보기에 좋고 공기를 통풍시키며 벌레의 서식과 곰팡이 억제에 도움을 준다.

(4) 토피어리 실제 만들어보기

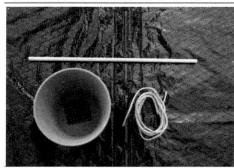

① 필요한 도구를 준비한다(토분, 플라스틱 막대, 마끈, 식물(뮤렌베키아), 마사토).

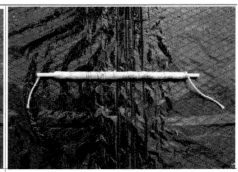

② 플라스틱 막대에 마끈을 잘 풀리지 않도록 촘촘하게 감는다(줄기용).

③ 뮤렌베키아 식물을 화분에서 꺼내어 흙을 조금 털어낸 다음 새로운 흙을 보충해 준다.

④ 흙 위에 물에 적신 이끼를 싸고 낚싯줄로 풀어지지 않게 잘 감아준다.

⑤ 이끼볼의 아래쪽에 처음에 준비해 둔 막대기를 꽂는다.

⑥ 토분에 마사토를 넣어 막대가 흔들리지 않도록 심고 물은 이끼볼에 준다.

마. 착생형 식물의 활용

착생이란, 생물이 다른 물체에 붙어서 살고 있는 상태를 말한다. 보통 착생식물(着生植物, epiphyte)이란, 식물의 표면이나 노출된 바위면에 붙어서 자라는 식물로 기근(氣根)과 같은 특별한 기관이 발달해 있는 것도 있는데 빗물이나 수증기 또는 여기에 녹아 있는 영양염류를 뿌리와 잎 표면으로 흡수한다. 주로, 온도가 높고 습기가 많은 지대에 많다.

(1) 착생형 식물 디자인에 적합한 식물
대표적으로 아나나스류·난류·양치식물류가 많이 쓰인다. 난류로는 에피덴드럼·카틀레야·덴드로비움·팔레놉시스·반다·풍란·온시디움·파피오페딜럼 등이, 양치식물로는 넉줄고사리류(davallia속 양치류)·콩짜개덩굴 등이 많이 쓰인다.

(2) 착생형 식물 디자인 이용 시 주의할 점

착생식물의 뿌리를 고정하는 데 주로 이용하는 배지로는 이끼 · 헤고 · 화산석 · 자연석 · 나무기둥 등이 많이 쓰인다.

헤고(*Cyathea spinulosa*)는 중국 남부에서 히말라야에 걸쳐 분포하는 상록 대형 양치식물을 말하고, 배지로 사용하는 헤고는 헤고라는 식물의 줄기 부분을 말하는 것으로, 가공한 모양에 따라 헤고판(헤고를 판 모양으로 가공한 것), 헤고화분(헤고의 건조줄기를 화분 형태로 가공한 것으로 통기성이 뛰어남), 헤고봉(헤고의 건조줄기를 막대 모양으로 가공한 것) 등의 형태가 있다.

그림 39. 헤고를 이용한 분식물 장식

풍란을 자연석에 붙이기 위해 순간접착제를 이용한다. 접착제는 플라스틱판이나 유리판에 조금 짜놓고 이쑤시개 끝에 조금씩(3mm 정도) 묻혀 사용한다. 접착제는 돌의 모난 부분에만 약간 칠해서 뿌리를 붙여주면 된다. 접착제는 가능한 한 휴면기에 있는 뿌리와 끝이 썩은 뿌리에만 사용한다. 생장 중에 있는 뿌리는, 작은 상처에도 휴면에 들어간다. 물론 접착제를 사용하기 전에 풍란의 뿌리와 돌에 충분하게 물을 먹여야 하며 풍란의 잎과 뿌리를 사전에 모양이 좋도록 돌 위에 배치해야 한다.

그림 40. 풍란 석부작

(3) 착생형 식물 디자인의 관리

대부분의 착생식물은 모두 습도가 높고 따뜻하며 밝은 장소에서 생육이 잘되기 때문에 관리에 주의해야 한다. 대부분 착생식물이 부착해 쉽게 정착할 수 있는 배양토는 물을 빨아들일 수 있는 자연 소재를 이용하므로 물을 지속적으로 공급할 수 있는 용기를 함께 이용하면 뿌리에 적당한 습기를 공급하는 데 편리하다. 대부분의 착생식물은 근부의 과습을 싫어하고 통풍을 좋아하므로 환기에 유의해야 한다. 아파트 베란다의 경우 봄부터 가을까지 창문을 항상 열어두고 바람이 잘 통하도록 하고, 맑은 날 아침마다 스프레이해 주며 관리하면 좋다. 비료는 생장이 활발한 봄에서 가을까지 보통 화분재배보다 엷은 농도의 액체비료를 준다.

(4) 착생형 식물 디자인 실제 만들어보기

① 착생식물을 붙일 나무판, 작은 용기, 알루미늄 물뿌리개, 낚싯줄, 본드.

② 사용할 식물은 건조에 강한 크립탄서스 · 러브체인.

③ 작은 용기 속에 약간의 배수층으로 작은 맥반석을 깔아주고 배양토를 넣는다.

④ 러브체인은 2줄기 정도, 알뿌리를 이끼로 감싼 다음 심어준다.

⑤ 크립탄서스는 이끼 안에 배양토와 약간의 비료를 넣은 이끼로 감싼 후 라피아로 마무리하고 순간접착제로 철사고리를 식물을 놓을 자리에 붙인 후 그 위에 고정했다.

⑥ 완성 후 충분히 물을 뿌려준 다음 문이나 벽에 걸어 장식할 수 있다.

바. 수경장식(Hydroculture)

흙을 사용하지 않고 물에 뿌리를 넣어 식물의 생장에 필요한 무기양분을 인위적으로 공급해 식물을 재배하는 방법을 수경재배(水耕栽培; hydroculture) 또는 물재배(water culture)라 한다.

수경장식은 용기 하부로 물이 빠질 염려가 없어 실내 어떤 곳에도 배치할 수 있고, 관리가 편하며, 여름철 실내공간에 맑고 시원한 느낌을 더해 주고, 투명한 용기 내 식물의 청결감이 좋다. 또한 겨울철 건조한 실내를 쾌적하게 하고 식물의 줄기나 잎뿐만 아니라 지하부 뿌리의 모습도 감상할 수 있는 장점이 있다.

(1) 수경장식 이용 시 주의할 점

토양에서 자라던 관엽식물을 수경으로 이용하려면 뿌리를 깨끗이 씻어 용기에 담는다. 일반적으로 식물체가 어리고 빠른 식생력을 가진 경우나 성장력이 강한 잎(sturdy leaves)을 가진 식물은 화분에서 빼내어 수경재배로 옮겨도 쉽게 생육 활착하지만 식물체가 크거나 꽃을 피우는 식물체의 경우 수경재배로 옮기는 경우 심한 스트레스를 받을 수 있으므로 주의를 요한다. 특히 이러한 경우 수경 배지 내 물을 채우는 높이를 가능한 한 지제부 아랫부분으로 뿌리 부위만 물에 잠기도록 하는 것이 좋다.

모든 배지 및 첨경물은 물에 깨끗이 씻어 뿌연 물이 나오지 않게 해야 한다. 특히 통숯은 검은 가루가 떨어지므로 적당한 크기로 자른 후 씻어야 한다.

(2) 수경장식에 적합한 식물

줄기의 일부분을 잘라 물에 담그기만 해도 곧 뿌리가 생기는 식물로는 싱고니움·스킨답서스 같은 천남성과 식물, 자주달개비·트라데스칸티아 등 닭의장풀과 식물, 조란·시페루스 등과 접란과 식물이 있다. 초봄에 히아신스나 수선화, 아마릴리스와 같은 알뿌리식물의 실뿌리를 물속에 담가 빛이 잘 드는 창가에 배치하면 향기로운 꽃을 관상할 수 있다.

이외에도 필레아 카디에레이·아이비·스킨답서스·싱고니움·필로덴드론·접란·드라세나 산데리아나·클레로덴드론·제브리나·호야·벤자민 고무나무·페페로미아·임파티엔스·아프리칸 바이올렛·코레우스·쉐프렐라·기누라·안수리움·아글라오네마 등 실내식물의 삽수를 채취해 물에서 뿌리를 발생시킨 결과, 식물의 뿌리 발생과 생육이 양호했다고 보고된 바 있다.

(3) 수경장식의 관리

실내 직사광선이 아닌 밝은 광이 드는 곳에 배치한다. 인공광 아래서도 가능하다. 물 관리는 용기 내 식물체의 지제부 아래, 뿌리 부분에 맞추어 물을 채운다. 안개 발생기(연무기)는 떨림판과 부착된 센서 부위에서 수위를 감지해 안개를 뿜어주는데, 떨림판은 3,000~5,000시간 작동하는 소모품으로 떨림판만 교환할 수 있다. 전원이 켜져 있는 상태에서 센서 부위가 물에 잠겨 있지 않으면 고장의 원인이 될 수 있어 주의해야 한다.

겨울철 난방이 되지 않거나 찬바람이 드는 창가와 같이 온도가 많이 떨어지는 장소의 경우 물속에 잠겨 있는 뿌리 부분이 저온으로 인한 스트레스로 상하는 경우가 많다.

(4) 수경장식 실제 만들어보기

 - 식물체 지지, 정화, 장식 기능 배지 및 안개발생기를 준비한다.

| 맥반석 | 통숯 | 옥자갈 |
| 화산석 | 마사 | 연무기(안개발생기) |

① 마사를 용기 중심에 약간 넣은 후 중심 식물인 알로카시아를 배치한다. 뿌리 부분을 잘 펴서 중심을 잃지 않도록 화산석으로 살짝 기대어 준다.	② 식재하기 전에 식물마다 생김새를 살펴 얼굴이 앞으로 오도록 한다. 중심 식물인 알로카시아와 대각선 오른쪽 전면으로 아글라오네마를 배치한다.	③ 정면만이 아닌 전후좌우 사방에서 볼 수 있도록 중심인 알로카시아를 기준으로 앞뒤로 덩굴성 페페로미아와 키가 낮은 드라세나류를 배치해 원근감이 생기도록 한다.

④ 검은색 통숯과 화산석이 아름다운 첨경물이 될 수 있다. 용기 중심에서 식물의 얼굴이 나오는 듯하게 배치한다. 콩짜개 덩굴은 잠기지 않도록 화산석 윗부분에 비스듬하게 고정한다.	⑤ 식물을 배치한 후 맥반석 및 마사로 뿌리를 고정한다. 처음엔 입자가 큰 배양토로 고정한 후, 입자가 작은 배양토로 꼼꼼히 뿌리를 고정한다. 뿌리가 배양토로 짓눌리지 않도록 조심한다.	⑥ 용기 중심 쪽으로 연무기를 배치하고, 전기선이 앞으로 보이지 않도록 조정한다. 옥자갈이나 흰 자갈, 맥반석 등으로 같은 배양토끼리 모아 표면을 장식하고, 물을 채운 후 연무기를 작동한다.

⑦ 완성 작품 옆모습	⑧ 완성 작품 전체 모습	

사. 컨테이너 가든

실외에서는 넓은 공간이 삭막하지 않도록 분식물 장식이 들어가는 반면 실내에서는 좁은 공간에도 불구하고 식물을 가까이하기 위해 여러 가지 방법으로 분식물 장식이 이용된다. 거리나 공공건물의 대형 컨테이너에 식재할 수도 있고 작은 커피잔에 식물을 심어 식탁 위에 올려놓을 수도 있으므로 정원의 크기에 상관없이 컨테이너 가든은 우리에게 가장 많이 이용되는 분식물 장식 방법 중 하나다.

이러한 컨테이너 정원에서 가장 기본적인 식재방법은 몇 가지 관엽식물과 한두 가지 꽃피는 식물을 심는 것이다. 가장 전형적인 패턴은 용기의 뒤쪽에 크고 높이가 있는 식물을 심고, 가운데는 몇 가지 관목형 식물, 그리고 가장 앞쪽은 늘어지는 식물을 심는 방법이다.

(1) 컨테이너 가든 실제 만들어보기

① 컨테이너 가든을 어디에 놓아야 할 것인지를 결정한 후 장소에 알맞은 크기와 디자인을 결정한다.

② 배수구로 흙이 빠져나가지 않도록 화분망을 깔고 아래쪽에는 굵은 난석이나 자갈, 위쪽에는 원예용 배양토를 60% 정도 채운다.

③ 중간에는 다소 키가 큰 후크시아를 심는다.

④ 가장자리에는 뉴기니아 봉선화를 모아 심는다.

⑤ 뉴기니아 봉선화 사이에 늘어지는 아이비 잎을 넣어주어 장식이 좀 더 자연스럽게 보이도록 한다. 식물 중간중간이 비지 않도록 배양토와 이끼로 채워준다.

⑥ 물이 꽃에 닿지 않도록 조심하면서 충분히 관수하고 바로 직사광선에 놓지 말고 며칠간 반그늘에서 순화시킨다.

실내 분식물 장식의 관리방법

가. 분갈이 방법

(1) 분갈이 적정 시기

식물도 동물처럼 휴식이 필요하며 대부분의 식물은 한겨울을 휴식기로 선택한다. 그러나 봄이 오면 다시 새로운 생명활동을 시작하므로 아직 꽃망울이 맺히기 전에 분갈이가 필요한 식물들은 분갈이를 한다. 그러나 너무 이른 봄보다는 좀 더 따뜻해졌을 때(4~5월께) 새 분갈이를 해 준다.

(2) 분갈이가 필요한 시점

분갈이가 필요할 때 식물들은 열심히 신호를 보낸다. 뿌리가 배수공을 빠져나와 소리를 지르는 광경은 흔히 볼 수 있는 풍경이다. 또한 물을 줄 때마다 이미 너무 커 버려 작은 화분이 자꾸 넘어지는 모습에서 우리는 식물의 신호를 읽을 수 있다.

화분이 작아서 식물체가 위로 밀려 올라옴.

식물체의 지상부가 너무 커서 불안정하고 수분이 빨리 마름.

식물체에 비해 화분이 너무 작아 건전한 생육을 할 수 없음.

(3) 분갈이 시 흙의 양

화분 높이의 70~80% 정도 흙을 채우면 좋다. 흙이 너무 많으면 물을 줄 때 흙이 흘러넘쳐 주위를 지저분하게 만들며, 너무 적은 흙은 뿌리가 충분히 지지할 수 있는 토대를 줄이므로 식물에 바람직한 환경을 조성할 수 없기 때문이다.

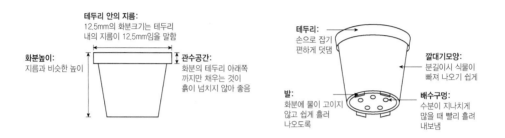

(4) 화분망

화분 아래쪽의 배수공 크기에 맞게 플라스틱 그물망(화원에서 판매, 아주 저렴함)을 잘라 사용하거나, 양파주머니 혹은 망사천 등을 이용해 배수공으로 흙이 빠져나가지 않도록 한다.

(5) 배수층

화분의 아래쪽에 물이 고여 있으면 뿌리가 썩기 쉬우므로 아래쪽에는 배수가 잘 되는 다소 입자가 굵은 돌을 깔아준다. 화분이 큰 경우에는 자갈의 굵기가 더 굵어지며 작은 화분의 경우에는 그에 알맞은 작은 돌로 배수층을 만든다. 배수층은 물을 좋아하는 식물보다는 물을 싫어하는 식물의 경우 물이 쉽게 빠져나올 수 있도록 더 많은 비율을 둔다.

(6) 용기가 높은 경우

식물과 잘 어울릴 것 같아 골라온 용기가 너무 높아 그 속을 흙으로 다 채우면 무겁기도 하고 흙도 많이 들어 불편할 경우, 아래쪽의 일정 부분을 가벼운 스티로폼 같은 물건으로 대체하기도 한다. 그러나 뿌리가 내리는 부위를 고려해 뿌리에 직접 스티로폼이 닿지 않도록 하는 것이 식물을 행복하게 키우는 비결이다.

(7) 화분 용기의 흙의 높이

너무 높아요

적당해요

Tip) 화분 용기 높이에 따라 1~4cm 정도 여유 공간을 두어 물을 줄 때 흙이 바깥으로 튀지 않게 하고, 물이 천천히
스며들 수 있는 공간을 확보하세요.

(8) 토양표면 처리방법

화원에서 심어 판매하는 화분들을 보면 화분의 위쪽이 여러 가지 재료들로 장식
되어 있는 것을 볼 수 있다. 옥돌이나 색돌·바크(나무껍질)·자연이끼·인조이
끼·지피식물·장식인형 등. 물론 놓이는 장소나 구매자가 원하는 디자인이 판매
되겠지만 연구소의 실험 결과, 실내의 포름알데히드 제거를 위해서는 모래 중에
서는 가는 모래보다 굵은 모래가 우수했고, 식물체 중에서는 살아 있는 식물체에
의한 지피가 우수했다. 디자인과 기능을 고려할 때 너무 원색적인 장식보다는 자
연스러움을 줄 수 있는 소재를 이용하는 것이 좋겠다.

가는 모래

<

굵은 모래

마른 이끼

<

셀라지넬라(살아 있음)

나. 물관리

(1) 물주기 시점 정하기

| 화분 표면 흙이 말랐을 때 | 화분 1~2cm 깊이 흙이 말랐을 때 |

Tip) 식물은 물이 없어 건조하거나 물이 많아 뿌리가 상한 경우, 잎이 시드는 증상이 나타납니다. 따라서 화분의 흙을 만져보고 물주는 시점을 정하는 것이 가장 정확합니다.

(2) 효율적인 물주기 방법

너무 많은 물을 좋아하지 않는 식물은 관계가 없으나 규칙적인 관수를 원하는 식물, 특히 습도가 유지되기를 원하는 식물의 경우에는 화분 받침에 굵은 자갈을 깔고 그 속에 물을 부어 언제든지 습기가 화분으로 전달될 수 있도록 하거나 화분 주위를 이끼 등으로 감싸서 축축하게 해 주면 행복해한다. 물주기는 보통 화분의 가장자리로 조심스럽게 물을 충분히 주어 화분 아래쪽으로 물이 흘러나오도록 해야 하지만, 여러 가지 여건으로 물주기가 어려운 경우에는 저면관수가 효과적이다. 저면관수란 화분의 아래쪽에서 용토의 모세관 현상을 이용해 물을 끌어 올리는 방법이다. 또한 식물체가 너무 건조한 경우에는 바스켓에 물을 화분 높이만큼 채우고 화분을 통째로 담가 저면관수하는 방법도 있다.

(3) 스프레이를 이용한 적정 습도 유지하기

스프레이를 이용해 물을 뿌려주어 적정 습도가 유지되면 식물이 건강해져서 병해충에 걸릴 확률이 낮아지고, 건강해 보인다.

참고문헌

George H.M, 1981. Interior plantscapes installation, maintenance, and management(3rd ed). Prentice Hall, New Jersey.

Hessayon, D.G, 2004. The house plant expert. Expert books, London.

Hessayon, D.G, 2005. The house plant expert - book two. Expert books, London.

경기도교육청, 2008. 화훼장식기술Ⅱ. 대한교과서주식회사, 서울.

백정애, 2008. 수경재배의 정의 및 원리. 월간 플로라 8월, 서울.

손관화, 2004. 아름다운 생활공간을 위한 화훼장식. 중앙생활사, 서울.

安藤敏夫, 近藤三雄, 2002. Urban gardening. 講談社, 東京.

이종석, 방광자, 김순자, 2007. 실내조경학. 도서출판 조경, 파주.

MEMO

농업인 업무상 재해와 안전보건 관리의 이해

1절 농업인 업무상 재해의 개념과 발생 현황

농업인도 산업근로자와 마찬가지로 열악한 농업노동환경에서 장기간 작업할 경우 질병과 사고를 겪을 수 있다. 산업안전보건법에 따르면, 업무상 재해는 근로자가 업무에 관계되는 건설물, 설비, 원재료, 가스, 증기, 분진 등에 의하거나 작업 또는 그 밖의 업무로 인하여 사망 또는 부상 혹은 질병에 걸리는 것을 일컫는다. 농업인의 업무상 재해는 농업노동환경에서 마주치는 인간공학적 위험요인, 분진, 가스, 진동, 소음 및 농기자재 사용으로 인한 부상, 질병, 사망 등을 일컬으며 작업준비, 작업 중, 이동 등 농업활동과 관련되어 발생하는 인적재해를 말한다.

2004년 시행된 「농림어업인의 삶의 질 향상 및 농산어촌 지역개발 촉진에 관한 특별법」에서 농업인 업무상 재해의 개념이 처음 도입되었으며, 2016년 1월부터 시행된 「농어업인 안전보험 및 안전재해 예방에 관한 법률」에서는 농업활동과 관련하여 발생한 인적재해를 농업인 안전재해라고 정의하며 이를 관리하기 위한 보험과 예방사업을 명시하였다.

국제노동기구 분류에 따르면, 농업은 전 세계적으로 건설업, 광업과 함께 가장 위험한 업종 중 하나다. 우리나라 역시 산업재해보상보험 가입 사업장을 기준으로 전체 산업 근로자와 비교하면, 농업인 재해율이 2배 이상 높은 것으로 나타났다(그림1).

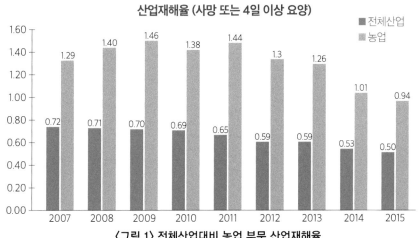

〈그림 1〉 전체산업대비 농업 부문 산업재해율

그러나 여성, 고령자, 소규모 사업장일수록 산업재해가 빈번하게 발생하는 경향을 고려해 볼 때 산재보상보험에 가입하지 못한 소규모 자영 농업인(농업인구의 약 98%)의 재해율은 산재보상보험에 가입된 농산업 근로자의 재해율보다 높을 것으로 추정된다.

농촌진흥청에서 2009년부터 실시하고 있는 '농업인의 업무상 질병 및 손상 조사(국가승인통계 143003호)'에 따르면 농업인의 업무상 질병 유병률은 5% 내외이며, 이 중 70~80%는 근골격계 질환으로 농업환경의 인간공학적 위험요인 개선이 시급한 것으로 나타났다. 업무상 손상은 3% 내외이며 미끄러지거나 넘어지는 전도사고가 30~40%로 전도 사고를 예방하기 위한 조치가 필요한 것으로 나타났으며 이 외의 농업인 중대 사고로는 생강굴 질식사, 양돈 분뇨장의 가스 질식사, 고온작업으로 인한 열중증으로 인한 사망사고 등이 있다. 이러한 현황을 고려해 볼 때 농업인의 업무상 재해예방과 보상, 재활 등 국가관리체계 구축 및 농업인의 안전보건관리에 대한 적극적인 참여가 시급하다.

더욱이 업무상 손상이 발생하게 되면 약 30일 이상 일을 못 한다고 응답하는 농업인이 40% 이상이며[1] 심한 경우 농업활동으로 하지 못하는 경우도 발생한다. 점차 고령화되어 가고 있는 농업노동력의 특성을 고려할 때, 건강한 농업노동력의 유지를 위해 안전한 농업노동환경을 조성하고 작업환경을 개선하기 위한 농업인 산재예방 관리는 매우 중요하다. 이를 위하여 정부, 전문가, 관련 단체, 농업인의 협력 및 자발적인 참여가 절실하다.

2절 농업환경 유해요인의 종류와 건강에 미치는 영향

농작업자는 각 작목특성에 따라 재배지 관리, 병해충방제, 생육관리, 수확 및 선별 등의 작업을 수행하면서 농업노동환경의 다양한 건강 유해요인에 노출된다. 노동시간 면에서도 연간 균일한 노동력을 투여하는 것이 아니라, 작목별 농번기와 농한기에 따라 특정 기간 동안에 일의 부담이 집중되는 특성이 있다. 또한 농업인력 고령화와 노동 인력 부족은 농기계, 농약 등

---

1 농업인 업무상 손상조사, 2013

농기자재의 사용을 증가시키고 있어 농업노동의 유해요인은 더 다양해지고 있으며, 아차사고가 중대 재해로 이어지는 경우도 늘어나고 있다.

특히, 관행적 농업활동에 익숙했던 농업인들이 노동환경 변화에 적응하고자 무리한 작업을 하게 되고, 이에 따라 작업자 건강에 영향을 미치는 유해요인에 빈번하게 노출되고 있다. 더욱이 새 위험요소에는 정보나 안전교육이 미흡하여 농업인 업무상 재해의 발생 가능성은 커지고 있다.

농촌진흥청이 연구를 통하여 보고하거나 국내외 문헌 등에서 공통으로 확인되는 농업노동환경의 주요 유해요인으로는 근골격계 질환을 발생시키는 인간공학적 위험요소, 농약, 분진, 미생물, 온열, 유해가스, 소음, 진동 등이 있다(표 1, 그림 2).

표1 작목별 농업노동 유해요인과 관련된 농업인 업무상 재해

작목 대분류	유해요인 (관련 농업인 업무상 재해)
수도작	농기계 협착 등 안전사고(신체손상), 곡물 분진(천식, 농부폐증 등), 소음/진동(난청)
과수	인간공학적 위험요소(근골격계 질환), 농약(농약 중독), 농기계 전복, 추락 등 안전사고(신체손상), 소음/진동(난청)
과채, 화훼 (노지)	인간공학적 위험요소(근골격계 질환), 농약(농약 중독), 농기계 전복 안전사고(신체손상), 자외선 (피부질환), 온열(열사병 등), 소음/진동(난청) 등
과채, 화훼 (시설하우스)	인간공학적 위험요소(근골격계 질환), 농약(농약 중독), 트랙터 배기가스 (일산화탄소 중독 등), 온열 (열사병 등), 유기분진(천식 등), 소음/진동(난청)
축산	가스 중독 (질식사고 등), 가축과의 충돌, 추락 등 안전사고(신체손상), 동물매개 감염(인수공통 감염병), 유기분진(천식, 농부폐증 등)
기타	버섯 포자(천식 등), 담배(니코틴 중독), 생강저장굴(산소 결핍, 질식사 등)

작업자세, 고온   중량물, 온열환경   유기분진   농약

니코틴   무기분진, 자외선   안전사고, 소음/진동, 가스

<그림 2> 유해요인 발생 작업 사례

농업인 업무상 재해의 작목별 특성을 보면 인간공학적 요인은 모든 작목에 공통적인 문제이며, 특히 하우스 시설 작목과 과수 작목의 위험성이 상대적으로 높다. 농약의 경우 과수 및 화훼 작목이 벼농사 및 노지보다 상대적으로 위험성이 높은 것으로 보고되었다. 미생물의 경우 축산농가와 비닐하우스 내 작업에서 대부분 노출 기준을 초과하는 위험한 수준이었으며, 온열 및 유해가스의 경우도 하우스 시설과 같이 밀폐된 공간에서 문제가 되었다. 소음 및 진동은 트랙터, 방제기, 예초기 등 농기계를 사용하는 작업에서 노출 위험이 보고되었다.

3절   농업인 업무상 재해의 관리와 예방

지속 가능한 농업과 농촌의 발전에 있어 건강한 농업인 육성과 안전한 노동환경 조성은 필수 불가결한 요소이다.

하지만 FTA 등 국제농업시장 개방에 따라 농업에 대한 직접적인 보조가 점차 제한되고 있다. 농업인 업무상 재해관리에 대한 정부의 지원은 농업인의 생산적 복지의 확대 즉, 사회보장의 확대 지원정책으로 매우 효과적이며 간접적인 지원 정책이 될 수 있다. 또한 농업인의 산업 재해 예방을 통한 농업인의 삶의 질 향상뿐 아니라, 건강한 노동력유지에 도움이 되므로 농업과 농촌의 지속 가능한 발전도 도모할 수 있다.

유럽에서는 지속 가능한 사회발전을 위해 농업인의 건강과 안전관리를 최우선 정책관리 대상으로 삼고 <표 2>와 같이 농업인의 산업재해 예방부터 감시, 보상, 재활연구 등의 사업을 국가가 주도적으로 연계하여 추진하고 있다.

농가소득 및 농업경쟁력 증진을 지원하는 정책이 주류를 이루어 왔던 우리나라는 최근에서야 농업인 업무상 재해 지원하고자 법적 기반을 마련하고 관리를 시작하는 단계이다.

우리 농업의 근간을 표현하는 농자천하지대본 (農者天下之大本)은 농업인이야 말로 국가가 가장 우선적으로 보호해야 할 대상임을 이야기한다. 농업인은 국민의 먹거리를 책임지는 생명창고 지킴이, 환경지킴이로써 지역의 균형발전에 기여하는 등 공익적 기능을 하고 있다. 근대의 산업 경제 부흥 시기의 농업은 산업 근로의 버팀목이 되었으나, 최근 확대되는 FTA 등 국제시장 개방으로 농가가 농업을 유지하기 어려운 상황이다. 그럼에도 농업·농촌이 공공적 기능과 역할을 하고 있으므로 농업과 농촌은 국가가 주도적으로 지켜나가고 농업인 건강과 안전도 정부 관리 책임 아래 농업인, 국민, 관련 전문가, 유관 기관, 단체 등이 적극적이며 자발적인 협력이 필요하다.

표2 ▶ 농업인 업무상 재해 관리영역 및 주요 내용

	유해요인 확인/ 평가	• 물리적, 화학적, 인간공학적 유해요인 구명 • 유해요인 평가방법 및 기준 개발 • 지속적인 유해요인 노출 평가 및 안전관리
산업 재해 예방	유해환경	• 농작업환경 및 작업 시스템 개선 • 개인보호구 및 작업 보조장비 개발 및 보급
	개선	• 안전보건교육 시스템 구축 및 교육인력 양성 • 농업안전보건 교육내용, 교육매체 개발

산업 재해 감시	재해실태 조사	• 지속적 재해 실태 파악 및 중대재해 원인조사 • 안전사고, 직업성 질환 감시 및 DB 구축 • 나홀로 작업자 안전사고 등 실시간 모니터링
	재해판정	• 직업성질환 진단 및 재해 판정기준 개발 • 유해요인 특성별 특수 건강검진 항목 설정 • 직업성질환 전문 연구, 진단기관 지원
	역학연구	• 농업인 건강특성 구명을 위한 장기역학 연구 • 급성 직업성 질환 및 사망사고 역학 연구
산업 재해 보상	재해보상	• 안전사고 및 직업성질환 보상범위 수준 설정 • 산재대상 범위 설정 및 심의기구 등 마련
	치료/재활	• 직업성 질환 원인에 따른 치료와 직업적 재활 연구 • 지역 농업인 치료·재활 센터 운영 및 지원 • 재활기구 보급 및 재활프로그램 개발
건강 관리	지역단위 건강관리	• 농촌지역 주요 급·만성 질환 관리(거점병원) • 오지 등 농촌지역 순회 진료 및 건강교육 • 건강 관리시설 확대 및 운영 지원
	의료 접근성	• 공공 보건 의료서비스 강화 • 지역거점 공공병원 및 응급의료 체계 구축

4절 농작업 안전관리 기본 점검 항목

다음은 앞서 서술한 다양한 농업인의 업무상 재해 (근골격계 질환, 농기계 사고, 천식, 농약중독 등)의 예방을 위해 농업현장에서 기본적으로 수행해야 하는 안전 관리 항목이다(표 3).

각 점검 항목별로 보다 자세한 내용이나, 작목별로 특이하게 발생하는 위험요인의 관리와 재해예방지침은 농업인 건강안전정보센터 (http://farmer.rda.go.kr)에서 확인할 수 있다.

표3 농작업 안전관리 기본 점검 항목과 예시 그림

분류	농작업 안전관리 기본 점검 항목	
개인 보호구 착용 및 관리	농약을 다룰 때에는 마스크, 방제복, 고무장갑을 착용한다.	
	먼지가 발생하는 작업환경에서는 분진마스크를 착용한다. (면 마스크 사용 금지)	
	개인보호구를 별도로 안전한 장소에 보관한다.	
	야외 작업 시 자외선(햇빛) 노출을 최소화하기 위한 조치를 취한다.	
농기계 안전	경운기, 트랙터 등 보유한 운행 농기계에 반사판, 안전등, 경광등, 후사경을 부착한다.	
	동력기기 운행 시 응급사고에 대비하여 긴급 멈춤 방법을 확인하고 운전한다.	

분류	농작업 안전 관리 기본 점검 항목	
농기계 안전	음주 후 절대 농기계 운행을 하지 않는다.	
	농기계를 사용할 때는 옷이 농기계에 말려 들어가지 않도록 적절한 작업복을 입는다.	
	농기계는 수시로 정기점검하고 점검 기록을 유지한다.	
	수·전동공구는 지정된 안전한 장소에 보관한다.	
농약 및 유해 요인 관리	잔여 농약 및 폐기 농약은 신속하고 안전하게 보관·폐기한다.	
	농약은 잠금이 유지되는 농약 전용 보관함에 넣어 보관한다.	

분류	농작업 안전 관리 기본 점검 항목	
농업 시설 관리	화재 위험이 있는 곳에 (배전반 등)에 소화기를 비치한다.	
	밀폐공간(저장고, 퇴비사 등)을 출입할 때에는 충분히 환기한다.	
	농작업장 및 시설에 적절한 조명시설을 설치한다.	
	사람이 다니는 작업 공간의 바닥을 평탄하게 유지하고 정리정돈한다.	
	출입문 등의 턱을 없애고, 계단 대신 경사로를 설치한다.	
인력 작업 관리	중량물 운반 시 최대한 몸에 밀착시켜 무릎으로 들어 옮긴다.	

분류	농작업 안전 관리 기본 점검 항목	
인력 작업 관리	농작업 후에 피로회복을 위한 운동을 한다.	
	작업장에 별도의 휴식공간을 마련한다.	
일반 안전 관리	농업인 안전보험에 가입한다.	
	긴급 상황을 대비하여 응급연락체계를 유지한다.	
	비상 구급함을 작업장에 비치한다.	

ㄱ

가건(架乾)	걸어 말림
가경지(可耕地)	농사지을 수 있는 땅
가리(加里)	칼리
가사(假死)	기절
가식(假植)	임시 심기
가열육(加熱肉)	익힘 고기
가온(加溫)	온도높임
가용성(可溶性)	녹는, 가용성
가자(茄子)	가지
가잠(家蠶)	집누에, 누에
가적(假積)	임시 쌓기
가토(家兎)	집토끼, 토끼
가피(痂皮)	딱지
가해(加害)	해를 입힘
각(脚)	다리
각대(脚帶)	다리띠, 각대
각반병(角斑病)	모무늬병, 각반병
각피(殼皮)	겉껍질
간(干)	절임
간극(間隙)	틈새
간단관수(間斷灌水)	물걸러대기
간벌(間伐)	솎아내어 베기
간색(稈色)	줄기색
간석지(干潟地)	개펄, 개땅
간식(間植)	사이심기
간이잠실(簡易蠶室)	간이누엣간
간인기(間引機)	솎음기계
간작(間作)	사이짓기
간장(稈長)	키, 줄기길이
간채류(幹菜類)	줄기채소
간척지(干拓地)	개막은 땅, 간척지
갈강병(褐疆病)	갈색굳음병
갈근(葛根)	칡뿌리
갈문병(褐紋病)	갈색무늬병
갈반병(褐斑病)	갈색점무늬병, 갈반병
갈색엽고병(褐色葉枯病)	갈색잎마름병
감과앵도(甘果櫻挑)	단앵두
감람(甘籃)	양배추
감미(甘味)	단맛
감별추(鑑別雛)	암수가린병아리, 가린병아리
감시(甘)	단감
감옥촉서(甘玉蜀黍)	단옥수수
감자(甘蔗)	사탕수수
감저(甘藷)	고구마

감주(甘酒)	단술, 감주
갑충(甲蟲)	딱정벌레
강두(豆)	동부
강력분(强力粉)	차진 밀가루, 강력분
강류(糠類)	등겨
강전정(强剪定)	된다듬질, 강전정
강제환우(制換羽)	강제 털갈이
강제휴면(制休眠)	움 재우기
개구기(開口器)	입벌리개
개구호흡(開口呼吸)	입 벌려 숨쉬기, 벌려 숨쉬기
개답(開畓)	논풀기, 논일구기
개식(改植)	다시 심기
개심형(開心形)	깔때기 모양, 속이 훤하게 드러남
개열서(開裂)	터진 감자
개엽기(開葉期)	잎필 때
개협(開莢)	꼬투리 튐
개화기(開花期)	꽃필 때
개화호르몬(開和hormome)	꽃피우기호르몬
객담(喀啖)	가래
객토(客土)	새흙넣기
객혈(喀血)	피를 토함
갱신전정(更新剪定)	노쇠한 나무를 젊은 상태로 재생장시 키기 위한 전정
갱신지(更新枝)	바꾼 가지
거세창(去勢創)	불친 상처
거접(据接)	제자리접
건(腱)	힘줄
건가(乾架)	말림틀
건견(乾繭)	말린 고치, 고치말리기
건경(乾莖)	마른 줄기
건국(乾麴)	마른누룩
건답(乾畓)	마른 논
건마(乾麻)	마른삼
건못자리	마른 못자리
건물중(乾物重)	마른 무게
건사(乾飼)	마른 먹이
건시(乾)	곶감
건율(乾栗)	말린 밤
건조과일(乾燥과일)	말린 과실
건조기(乾燥機)	말림틀, 건조기
건조무(乾燥무)	무말랭이
건조비율(乾燥比率)	마름률, 말림률
건조화(乾燥花)	말린 꽃
건채(乾采)	말린 나물
건초(乾草)	말린 풀
건초조제(乾草調製)	꼴(풀) 말리기, 마른 풀 만들기

건토효과(乾土效果)	마른 흙 효과, 흙말림 효과	경육(頸肉)	목살
검란기(檢卵機)	알 검사기	경작(硬作)	짓기
격년(隔年)	해거리	경작지(硬作地)	농사땅, 농경지
격년결과(隔年結果)	해거리 열림	경장(莖長)	줄기길이
격리재배(隔離栽培)	따로 가꾸기	경정(莖頂)	줄기끝
격사(隔沙)	자리떼기	경증(輕症)	가벼운증세, 경증
격왕판(隔王板)	왕벌막이	경태(莖太)	줄기굵기
"격휴교호벌채법	이랑 건너 번갈아 베기	경토(耕土)	갈이흙
(隔畦交互伐採法)"		경폭(耕幅)	갈이 너비
견(繭)	고치	경피감염(經皮感染)	살갗 감염
견사(繭絲)	고치실(실크)	경화(硬化)	굳히기, 굳어짐
견중(繭重)	고치 무게	경화병(硬化病)	굳음병
견질(繭質)	고치질	계(鷄)	닭
견치(犬齒)	송곳니	계관(鷄冠)	닭볏
견흑수병(堅黑穗病)	속깜부기병	계단전(階段田)	계단밭
결과습성(結果習性)	열매 맺음성, 맺음성	계두(鷄痘)	닭마마
결과절위(結果節位)	열림마디	계류우사(繫留牛舍)	외양간
결과지(結果枝)	열매가지	계목(繫牧)	매어기르기
결구(結球)	알들이	계분(鷄糞)	닭똥
결속(結束)	묶음, 다발, 가지묶기	계사(鷄舍)	닭장
결실(結實)	열매맺기, 열매맺이	계상(鷄箱)	포갬 벌통
결주(缺株)	빈포기	계속한천일수(繼續旱天日數)	계속 가뭄일수
결핍(乏)	모자람	계역(鷄疫)	닭돌림병
결협(結莢)	꼬투리맺음	계우(鷄羽)	닭털
경경(莖徑)	줄기굵기	계육(鷄肉)	닭고기
경골(脛骨)	정강이뼈	고갈(枯渴)	마름
경구감염(經口感染)	입감염	고랭지재배(高冷地栽培)	고랭지가꾸기
경구투약(經口投藥)	약 먹이기	고미(苦味)	쓴맛
경련(痙攣)	떨림, 경련	고사(枯死)	말라죽음
경립종(硬粒種)	굳음씨	고삼(苦蔘)	너삼
경백미(硬白米)	멥쌀	고설온상(高設溫床)	높은 온상
경사지상전(傾斜地桑田)	비탈 뽕밭	고숙기(枯熟期)	고쉰 때
경사휴재배(傾斜畦栽培)	비탈 이랑 가꾸기	고온장일(高溫長日)	고온으로 오래 볕쬐기
경색(梗塞)	막힘, 경색	고온저장(高溫貯藏)	높은 온도에서 저장
경산우(經産牛)	출산 소	고접(高接)	높이 접붙임
경수(硬水)	센물	고조제(枯凋劑)	말림약
경수(莖數)	줄깃수	고즙(苦汁)	간수
경식토(硬埴土)	점토힘량이 60% 이하인 흙	고취식압조(高取式壓條)	높이 떼기
경실종자(硬實種子)	굳은 씨앗	고토(苦土)	마그네슘
경심(耕深)	깊이 갈이	고휴재배(高畦栽培)	높은 이랑 가꾸기(재배)
경엽(硬葉)	굳은 잎	곡과(曲果)	굽은 과실
경엽(莖葉)	줄기와 잎	곡류(穀類)	곡식류
경우(頸羽)	목털	곡상충(穀象)	쌀바구미
경우(耕耘)	흙 갈이	곡아(穀蛾)	곡식나방
경운심도(耕耘深度)	흙 갈이 깊이	골간(骨幹)	뼈대, 골격, 골간
경운조(耕耘爪)	갈이날	골격(骨格)	뼈대, 골간, 골격

골분(骨粉)	뼛가루	괘대(掛袋)	봉지씌우기
골연증(骨軟症)	뼈무름병, 골연증	괴경(塊莖)	덩이줄기
공대(空袋)	빈 포대	괴근(塊根)	덩이뿌리
공동경작(共同耕作)	어울려 짓기	괴상(塊狀)	덩이꼴
공동과(空胴果)	속 빈 과실	교각(橋角)	뿔 고치기
공시충(供試)	시험벌레	교맥(蕎麥)	메밀
공태(空胎)	새끼를 배지 않음	교목(喬木)	큰키 나무
공한지(空閑地)	빈땅	교목성(喬木性)	큰키 나무성
공협(空莢)	빈꼬투리	교미낭(交尾囊)	정받이 주머니
과경(果徑)	열매의 지름	교상(咬傷)	물린 상처
과경(果梗)	열매 꼭지	교질골(膠質骨)	아교질 뼈
과고(果高)	열매 키	교호벌채(交互伐採)	번갈아 베기
과목(果木)	과일나무	교호작(交互作)	엇갈이 짓기
과방(果房)	과실송이	구강(口腔)	입안
과번무(過繁茂)	웃자람	구경(球莖)	알 줄기
과산계(寡産鷄)	알적게 낳는 닭,적게 낳는 닭	구고(球高)	알 높이
과색(果色)	열매 빛깔	구근(球根)	알 뿌리
과석(過石)	과린산석회, 과석	구비(廐肥)	외양간 두엄
과수(果穗)	열매송이	구서(驅鼠)	쥐잡기
과수(顆數)	고치수	구순(口脣)	입술
과숙(過熟)	농익음	구제(驅除)	없애기
과숙기(過熟期)	농익을 때	구주리(歐洲李)	유럽자두
과숙잠(過熟蠶)	너무익은 누에	구주율(歐洲栗)	유럽밤
과실(果實)	열매	구주종포도(歐洲種葡萄)	유럽포도
과심(果心)	열매 속	구중(球重)	알 무게
과아(果芽)	과실 눈	구충(驅蟲)	벌레 없애기, 기생충 잡기
과엽충(瓜葉)	오이잎벌레	구형아접(鉤形芽接)	갈고리눈접
과육(果肉)	열매 살	국(麴)	누룩
과장(果長)	열매 길이	군사(群飼)	무리 기르기
과중(果重)	열매 무게	궁형정지(弓形整枝)	활꽃나무 다듬기
과즙(果汁)	과일즙, 과즙	권취(卷取)	두루말이식
과채류(果菜類)	열매채소	규반비(硅攀比)	규산 알루미늄 비율
과총(果叢)	열매송이, 열매송이 무리	균경(菌莖)	버섯 줄기, 버섯대
과피(果皮)	열매 껍질	균류(菌類)	곰팡이류, 곰팡이붙이
과형(果形)	열매 모양	균사(菌絲)	팡이실, 곰팡이실
관개수로(灌漑水路)	논물길	균산(菌傘)	버섯갓
관개수심(灌漑水深)	댄 물깊이	균상(菌床)	버섯판
관수(灌水)	물주기	균습(菌褶)	버섯살
관주(灌注)	포기별 물주기	균열(龜裂)	터짐
관행시비(慣行施肥)	일반적인 거름 주기	균파(均播)	고루뿌림
광견병(狂犬病)	미친개병	균핵(菌核)	균씨
광발아종자(光發芽種子)	볕밭이씨	균핵병(菌核病)	균씨병, 균핵병
광엽(廣葉)	넓은 잎	균형시비(均衡施肥)	거름 갖춰주기
광엽잡초(廣葉雜草)	넓은 잎 잡초	근경(根莖)	뿌리줄기
광제잠종(製蠶種)	돌뱅이누에씨	근계(根系)	뿌리 뻗음새
광파재배(廣播栽培)	넓게 뿌려 가꾸기	근교원예(近郊園藝)	변두리 원예

근군분포(根群分布)	뿌리 퍼짐	낙화생(落花生)	땅콩
근단(根端)	뿌리끝	난각(卵殼)	알 껍질
근두(根頭)	뿌리머리	난기운전(暖機連轉)	시동운전
근류균(根溜菌)	뿌리혹박테리아, 뿌리혹균	난도(亂蹈)	날뜀
근모(根毛)	뿌리털	난중(卵重)	알무게
근부병(根腐病)	뿌리썩음병	난형(卵形)	알모양
근삽(根揷)	뿌리꽂이	난황(卵黃)	노른자위
근아충(根)	뿌리혹벌레	내건성(耐乾性)	마름견딜성
근압(根壓)	뿌리압력	내구연한(耐久年限)	견디는 연수
근얼(根蘖)	뿌리벌기	내냉성(耐冷性)	찬기운 견딜성
근장(根長)	뿌리길이	내도복성(耐倒伏性)	쓰러짐 견딜성
근접(根接)	뿌리접	내반경(內返耕)	안쪽 돌아갈이
근채류(根菜類)	뿌리채소류	내병성(耐病性)	병 견딜성
근형(根形)	뿌리모양	내비성(耐肥性)	거름 견딜성
근활력(根活力)	뿌리힘	내성(耐性)	견딜성
급사기(給飼器)	모이통, 먹이통	내염성(耐鹽性)	소금기 견딜성
급상(給桑)	뽕주기	내충성(耐性)	벌레 견딜성
급상대(給桑臺)	채반받침틀	내피(內皮)	속껍질
급상량(給桑量)	뽕주는 양	내피복(內被覆)	속덮기, 속덮개
급수기(給水器)	물그릇, 급수기	내한(耐旱)	가뭄 견딤
급이(給飴)	먹이	내향지(內向枝)	안쪽 뻗은 가지
급이기(給飴器)	먹이통	냉동육(冷凍肉)	얼린 고기
기공(氣孔)	숨구멍	냉수관개(冷水灌漑)	찬물대기
기관(氣管)	숨통, 기관	냉수답(冷水畓)	찬물 논
기비(基肥)	밑거름	냉수용출답(冷水湧出畓)	샘논
기잠(起蠶)	인누에	냉수유입답(冷水流入畓)	찬물받이 논
기지(忌地)	땅가림	냉온(冷溫)	찬기
기형견(畸形繭)	기형고치	노	머위
기형수(畸形穗)	기형이삭	노계(老鷄)	묵은 닭
기호성(嗜好性)	즐기성, 기호성	노목(老木)	늙은 나무
기휴식(寄畦式)	모듬이랑식	노숙유충(老熟幼蟲)	늙은 애벌레, 다 자란 유충
길경(桔梗)	도라지	노임(勞賃)	품삯
		노지화초(露地花草)	한데 화초
		노폐물(老廢物)	묵은 찌꺼기
		노폐우(老廢牛)	늙은 소
ㄴ		노화(老化)	늙음
		노화묘(老化苗)	쇤모
나맥(裸麥)	쌀보리	노후화답(老朽化畓)	해식은 논
나백미(白米)	찹쌀	녹변(綠便)	푸른 똥
나종(種)	찰씨	녹비(綠肥)	풋거름
나흑수병(裸黑穗病)	겉깜부기병	녹비작물(綠肥作物)	풋거름 작물
낙과(落果)	떨어진 열매, 열매 떨어짐	녹비시용(綠肥施用)	풋거름 주기
낙농(酪農)	젖소 치기, 젖소양치기	녹사료(綠飼料)	푸른 사료
낙뢰(落)	떨어진 망울	녹음기(綠陰期)	푸른철, 숲 푸른철
낙수(落水)	물 떼기	녹지삽(綠枝揷)	풋가지꽂이
낙엽(落葉)	진 잎, 낙엽	농번기(農繁期)	농사철
낙인(格印)	불도장		
낙화(落花)	진 꽃		

농병(膿病)	고름병
농약살포(農藥撒布)	농약 뿌림
농양(膿瘍)	고름집
농업노동(農業勞動)	농사품, 농업노동
농종(膿腫)	고름종기
농지조성(農地造成)	농지일구기
농축과즙(濃縮果汁)	진한 과즙
농포(膿泡)	고름집
농혈증(膿血症)	피고름증
농후사료(濃厚飼料)	기름진 먹이
뇌	봉오리
뇌수분(受粉)	봉오리 가루받이
누관(淚管)	눈물관
누낭(淚囊)	눈물 주머니
누수답(漏水畓)	시루논

ㄷ

다(茶)	차
다년생(多年生)	여러해살이
다년생초화(多年生草化)	여러해살이 꽃
다독아(茶毒蛾)	차나무독나방
다두사육(多頭飼育)	무리기르기
다모작(多毛作)	여러 번 짓기
다비재배(多肥栽培)	길게 가꾸기
다수확품종(多收穫品種)	소출 많은 품종
다육식물(多肉植物)	잎이나 줄기에 수분이 많은 식물
다즙사료(多汁飼料)	물기 많은 먹이
다화성잠저병(多花性蠶疽病)	누에쉬파리병
다회육(多回育)	여러 번 치기
단각(斷角)	뿔자르기
단간(斷稈)	짧은키
단간수수형품종(短稈穗數型品種)	키작고 이삭 많은 품종
단간수중형품종(短稈穗重型品種)	키작고 이삭 큰 품종
단경기(端境期)	때아닌 철
단과지(短果枝)	짧은 열매가지, 단과지
단교잡종(單交雜種)	홑트기씨. 단교잡종
단근(斷根)	뿌리끊기
단립구조(單粒構造)	홑알 짜임
단립구조(團粒構造)	떼알 짜임
단망(短芒)	짧은 가락
단미(斷尾)	꼬리 자르기
단소전정(短剪定)	짧게 치기

단수(斷水)	물 끊기
단시형(短翅型)	짧은날개꼴
단아(單芽)	홑눈
단아삽(短芽揷)	외눈꺾꽂이
단안(單眼)	홑눈
단열재료(斷熱材料)	열을 막아주는 재료
단엽(單葉)	홑잎
단원형(短圓型)	둥근모양
단위결과(單爲結果)	무수정 열매맺음
단위결실(單爲結實)	제꽃 열매맺이, 제꽃맺이
단일성식물(短日性植物)	짧은볕식물
단자삽(團子揷)	경단꽂이
단작(單作)	홑짓기
단제(單蹄)	홑굽
단지(短枝)	짧은 가지
담낭(膽囊)	쓸개
담석(膽石)	쓸개돌
담수(湛水)	물 담김
담수관개(湛水觀漑)	물 가두어 대기
담수직파(湛水直播)	무논뿌림, 무논 바로 뿌리기
담자균류(子菌類)	자루곰팡이붙이, 자루곰팡이류
담즙(膽汁)	쓸개즙
답리작(畓裏作)	논뒷그루
답압(踏壓)	밟기
답입(踏)	밟아넣기
답작(畓作)	논농사
답전윤환(畓田輪換)	논밭 돌려짓기
답전작(畓前作)	논앞그루
답차륜(畓車輪)	논바퀴
답후작(畓後作)	논뒷그루
당약(當藥)	쓴 풀
대국(大菊)	왕국화, 대국
대두(大豆)	콩
대두박(大豆粕)	콩깻묵
대두분(大豆粉)	콩가루
대두유(大豆油)	콩기름
대립(大粒)	굵은알
대립종(大粒種)	굵은씨
대마(大麻)	삼
대맥(大麥)	보리, 겉보리
대맥고(大麥藁)	보릿짚
대목(臺木)	바탕나무, 바탕이 되는 나무
대목아(臺木牙)	대목눈
대장(大腸)	큰창자
대추(大雛)	큰병아리
대퇴(大腿)	넓적다리

도(桃)	복숭아	동할미(胴割米)	금간 쌀
도고(稻藁)	볏짚	동해(凍害)	언 피해
도국병(稻麴病)	벼이삭누룩병	두과목초(豆科牧草)	콩과 목초(풀)
도근식엽충(稻根葉)	벼뿌리잎벌레	두과작물(豆科作物)	콩과작물
도복(倒伏)	쓰러짐	두류(豆類)	콩류
도복방지(倒伏防止)	쓰러짐 막기	두리(豆李)	콩배
도봉(盜蜂)	도둑벌	두부(頭部)	머리, 두부
도수로(導水路)	물 댈 도랑	두유(豆油)	콩기름
도야도아(稻夜盜蛾)	벼도둑나방	두창(痘瘡)	마마, 두창
도장(徒長)	웃자람	두화(頭花)	머리꽃
도장지(徒長枝)	웃자람 가지	둔부(臀部)	궁둥이
도적아충(挑赤)	복숭아붉은진딧물	둔성발정(鈍性發精)	미약한 발정
도체율(屠體率)	통고기율, 머리, 발목, 내장을	드릴파	좁은줄뿌림
	제외한 부분	등숙기(登熟期)	여뭄 때
도포제(塗布劑)	바르는 약	등숙비(登熟肥)	여뭄 거름
도한(盜汗)	식은땀		
독낭(毒囊)	독주머니		
독우(犢牛)	송아지	**ㅁ**	
독제(毒劑)	독약, 독제		
돈(豚)	돼지	마두(馬痘)	말마마
돈단독(豚丹毒)	돼지단독(병)	마령서(馬鈴薯)	감자
돈두(豚痘)	돼지마마	마령서아(馬鈴薯蛾)	감자나방
돈사(豚舍)	돼지우리	마록묘병(馬鹿苗病)	키다리병
돈역(豚疫)	돼지돌림병	마사(馬舍)	마굿간
돈콜레라(豚cholerra)	돼지콜레라	마쇄(磨碎)	갈아부수기, 갈부수기
돈폐충(豚肺)	돼지폐충	마쇄기(磨碎機)	갈아 부수개
동고병(胴枯病)	줄기마름병	마치종(馬齒種)	말이씨, 오목씨
동기전정(冬期剪定)	겨울가지치기	마포(麻布)	삼베, 마포
동맥류(動脈瘤)	동맥혹	만기재배(晚期栽培)	늦가꾸기
동면(冬眠)	겨울잠	만반(蔓返)	덩굴뒤집기
동모(冬毛)	겨울털	만상(晚霜)	늦서리
동백과(冬栢科)	동백나무과	만상해(晚霜害)	늦서리 피해
동복자(同腹子)	한배 새끼	만생상(晚生桑)	늦뽕
동봉(動蜂)	일벌	만생종(晚生種)	늦씨, 늦게 가꾸는 씨앗
동비(冬肥)	겨울거름	만성(蔓性)	덩굴쇠
동사(凍死)	얼어죽음	만성식물(蔓性植物)	덩굴성식물, 덩굴식물
동상해(凍霜害)	서리피해	만숙(晚熟)	늦익음
동아(冬芽)	겨울눈	만숙립(晚熟粒)	늦여문알
동양리(東洋李)	동양자두	만식(晚植)	늦심기
동양리(東洋梨)	동양배	만식이앙(晚植移秧)	늦모내기
동작(冬作)	겨울가꾸기	만식재배(晚植栽培)	늦심어 가꾸기
동작물(冬作物)	겨울작물	만연(蔓延)	번짐, 퍼짐
동절견(胴切繭)	허리 얇은 고치	만절(蔓切)	덩굴치기
동채(冬菜)	무갓	만추잠(晚秋蠶)	늦가을누에
동통(疼痛)	아픔	만파(晚播)	늦뿌림
동포자(冬胞子)	겨울 홀씨	만할병(蔓割病)	덩굴쪼개병
		만화형(蔓化型)	덩굴지기

망사피복(網紗避覆)	망사덮기, 망사덮개	목본류(木本類)	나무붙이
망입(網入)	그물넣기	목야(초)지(牧野草地)	꼴밭, 풀밭
망장(芒長)	까락길이	목제잠박(木製蠶箔)	나무채반, 나무누에채반
망진(望診)	겉보기 진단, 보기 진단	목책(牧柵)	울타리, 목장 울타리
망취법(網取法)	그물 떼내기법	목초(牧草)	꼴, 풀
매(梅)	매실	몽과(果)	망고
매간(梅干)	매실절이	몽리면적(蒙利面積)	물 댈 면적
매도(梅挑)	앵두	묘(苗)	모종
매문병(煤紋病)	그을음무늬병, 매문병	묘근(苗根)	모뿌리
매병(煤病)	그을음병	묘대(苗垈)	못자리
매초(埋草)	담근 먹이	묘대기(苗垈期)	못자리때
맥간류(麥稈類)	보릿짚류	묘령(苗齡)	모의 나이
맥강(麥糠)	보릿겨	묘매(苗)	멍석딸기
맥답(麥畓)	보리논	묘목(苗木)	모나무
맥류(麥類)	보리류	묘상(苗床)	모판
맥발아충(麥髮)	보리깔진딧물	묘판(苗板)	못자리
맥쇄(麥碎)	보리싸라기	무경운(無耕耘)	갈지 않음
맥아(麥蛾)	보리나방	무기질토양(無機質土壤)	무기질 흙
맥전답압(麥田踏壓)	보리밭 밟기, 보리 밟기	무망종(無芒種)	까락 없는 씨
맥주맥(麥酒麥)	맥주보리	무종자과실(無種子果實)	씨 없는 열매
맥후작(麥後作)	모리뒷그루	무증상감염(無症狀感染)	증상 없이 옮김
맹	등에	무핵과(無核果)	씨없는 과실
맹아(萌芽)	움	무효분얼기((無效分蘗期)	헛가지 치기
멀칭(mulching)	바닥덮기	무효분얼종지기(無效分蘗終止	헛가지 치기 끝날 때
면(眠)	잠	期)	
면견(綿繭)	솜고치	문고병(紋故病)	잎집무늬마름병
면기(眠期)	잠잘때	문단(文旦)	문단귤
면류(麵類)	국수류	미강(米糠)	쌀겨
면실(棉實)	목화씨	미경산우(未經産牛)	새끼 안낳는 소
면실박(棉實粕)	목화씨깻묵	미곡(米穀)	쌀
면실유(棉實油)	목화씨기름	미국(米麴)	쌀누룩
면양(緬羊)	털염소	미립(米粒)	쌀알
면잠(眠蠶)	잠누에	미립자병(微粒子病)	잔알병
면제사(眠除沙)	잠똥갈이	미숙과(未熟課)	선열매, 덜 여문 열매
면포(棉布)	무명(베), 면포	미숙답(未熟畓)	덜된 논
면화(棉花)	목화	미숙립(未熟粒)	덜 여문 알
명거배수(明渠排水)	겉도랑 물빼기, 겉도랑빼기	미숙잠(未熟蠶)	설익은 누에
모계(母鷄)	어미닭	미숙퇴비(未熟堆肥)	덜썩은 두엄
모계육추(母鷄育雛)	품어 기르기	미우(尾羽)	꼬리깃
모독우(牡犢牛)	황송아지, 수송아지	미질(米質)	쌀의 질, 쌀품질
모돈(母豚)	어미돼지	밀랍(蜜蠟)	꿀밀
모본(母本)	어미그루	밀봉(蜜蜂)	꿀벌
모지(母枝)	어미가지	밀사(密飼)	배게기르기
모피(毛皮)	털가죽	밀선(蜜腺)	꿀샘
목건초(牧乾草)	목초 말린풀	밀식(密植)	배게심기, 빽빽하게 심기
목단(牧丹)	모란	밀원(蜜源)	꿀밭

밀파(密播)	배게뿌림, 빽빽하게 뿌림

ㅂ

바인더(binder)	베어묶는 기계
박(粕)	깻묵
박력분(薄力粉)	메진 밀가루
박파(薄播)	성기게 뿌림
박피(剝皮)	껍질벗기기
박피견(薄皮繭)	얇은고치
반경지삽(半硬枝揷)	반굳은 가지꽂이, 반굳은꽂이
반숙퇴비(半熟堆肥)	반썩은 두엄
반억제재배(半抑制栽培)	반늦추어 가꾸기
반엽병(斑葉病)	줄무늬병
반전(反轉)	뒤집기
반점(斑點)	얼룩점
반점병(斑點病)	점무늬병
반촉성재배(半促成栽培)	반당겨 가꾸기
반추(反芻)	되새김
반흔(搬痕)	딱지자국
발근(發根)	뿌리내림
발근제(發根劑)	뿌리내림약
발근촉진(發根促進)	뿌리내림 촉진
발병엽수(發病葉數)	병든 잎수
발병주(發病株)	병든포기
발아(發蛾)	싹트기, 싹틈
발아적온(發芽適溫)	싹트기 알맞은 온도
발아촉진(發芽促進)	싹트기 촉진
발아최성기(發芽最盛期)	나방제철
발열(發熱)	열남, 열냄
발우(拔羽)	털뽑기
발우기(拔羽機)	털뽑개
발육부전(發育不全)	제대로 못자람
발육사료(發育飼料)	자라는데 주는 먹이
발육지(發育枝)	자람가지
발육최성기(發育最盛期)	한창 자랄 때
발정(發情)	암내
발한(發汗)	땀남
발효(醱酵)	띄우기
방뇨(放尿)	오줌누기
방목(放牧)	놓아 먹이기
방사(放飼)	놓아 기르기
방상(防霜)	서리막기
방풍(防風)	바람막이
방한(防寒)	추위막이
방향식물(芳香植物)	향기식물

배(胚)	씨눈
배뇨(排尿)	오줌 빼기
배배양(胚培養)	씨눈배양
배부식분무기(背負式噴霧器)	등으로 매는 분무기
배부형(背負形)	등짐식
배상형(盃狀形)	사발꼴
배수(排水)	물빼기
배수구(排水溝)	물뺄 도랑
배수로(排水路)	물뺄 도랑
배아비율(胚芽比率)	씨눈비율
배유(胚乳)	씨젖
배조맥아(焙燥麥芽)	말린 엿기름
배초(焙焦)	볶기
배토(培土)	북주기, 흙 북돋아 주기
배토기(培土機)	북주개, 작물사이의 흙을 북돋아 주는데 사용하는 기계
백강병(白疆病)	흰굳음병
백리(白痢)	흰설사
백미(白米)	흰쌀
백반병(白斑病)	흰무늬병
백부병(百腐病)	흰썩음병
백삽병(白澁病)	흰가루병
백쇄미(白碎米)	흰싸라기
백수(白穗)	흰마름 이삭
백엽고병(白葉枯病)	흰잎마름병
백자(栢子)	잣
백채(白菜)	배추
백합과(百合科)	나리과
변속기(變速機)	속도조절기
병과(病果)	병든 열매
병반(病斑)	병무늬
병소(病巢)	병집
병우(病牛)	병든 소
병징(病徵)	병증세
보비력(保肥力)	거름을 지닐 힘
보수력(保水力)	물 지닐힘
보수일수(保水日數)	물 지닐 일수
보식(補植)	메워서 심기
보양창흔(步樣瘡痕)	비틀거림
보정법(保定法)	잡아매기
보파(補播)	덧뿌림
보행경직(步行硬直)	뻗장 걸음
보행창흔(步行瘡痕)	비틀 걸음
복개육(覆蓋育)	덮어치기
복교잡종(複交雜種)	겹트기씨
복대(覆袋)	봉지 씌우기

복백(腹白)	겉백이
복아(複芽)	겹눈
복아묘(複芽苗)	겹눈모
복엽(腹葉)	겹잎
복접(腹接)	허리접
복지(匍枝)	기는 줄기
복토(覆土)	흙덮기
복통(腹痛)	배앓이
복합아(複合芽)	겹눈
본답(本畓)	본논
본엽(本葉)	본잎
본포(本圃)	제밭, 본밭
봉군(蜂群)	벌떼
봉밀(蜂蜜)	벌꿀, 꿀
봉상(蜂箱)	벌통
봉침(蜂針)	벌침
봉합선(縫合線)	솔기
부고(敷藁)	깔짚
부단급여(不斷給與)	대먹임, 계속 먹임
부묘(浮苗)	뜬모
부숙(腐熟)	썩힘
부숙도(腐熟度)	썩은 정도
부숙퇴비(腐熟堆肥)	썩은 두엄
부식(腐植)	써거리
부식토(腐植土)	써거리 흙
부신(副腎)	곁콩팥
부아(副芽)	덧눈
부정근(不定根)	막뿌리
부정아(不定芽)	막눈
부정형견(不定形繭)	못생긴 고치
부제병(腐蹄病)	발굽썩음병
부종(浮種)	붓는 병
부주지(副主枝)	버금가지
부진자류(浮塵子類)	멸구매미충류
부초(敷草)	풀 덮기
부패병(腐敗病)	썩음병
부화(孵化)	알깨기, 알까기
부화약충(孵化若)	갓 깬 애벌레
분근(分根)	뿌리나누기
분뇨(糞尿)	똥오줌
분만(分娩)	새끼낳기
분만간격(分娩間隔)	터울
분말(粉末)	가루
분무기(噴霧機)	뿜개
분박(分箔)	채반기름
분봉(分蜂)	벌통가르기

분사(粉飼)	가루먹이
분상질소맥(粉狀質小麥)	메진 밀
분시(分施)	나누어 비료주기
분식(紛食)	가루음식
분얼(分蘖)	새끼치기
분얼개도(分蘖開度)	포기 퍼짐새
분얼경(分蘖莖)	새끼친 줄기
분얼기(分蘖期)	새끼칠 때
분얼비(分蘖肥)	새끼칠 거름
분얼수(分蘖數)	새끼친 수
분얼절(分蘖節)	새끼마디
분얼최성기(分蘖最盛期)	새끼치기 한창 때
분의처리(粉依處理)	가루묻힘
분재(盆栽)	분나무
분제(粉劑)	가루약
분주(分株)	포기나눔
분지(分枝)	가지벌기
분지각도(分枝角度)	가지벌림새
분지수(分枝數)	번 가지수
분지장(分枝長)	가지길이
분총(分)	쪽파
불면잠(不眠蠶)	못자는 누에
불시재배(不時栽培)	때없이 가꾸기
불시출수(不時出穗)	때없이 이삭패기, 불시이삭패기
불용성(不溶性)	안녹는
불임도(不姙稻)	쭉정이벼
불임립(不稔粒)	쭉정이
불탈견아(不脫繭蛾)	못나온 나방
비경(鼻鏡)	콧등, 코거울
비공(鼻孔)	콧구멍
비등(沸騰)	끓음
비료(肥料)	거름
비루(鼻淚)	콧물
비배관리(肥培管理)	거름주어 가꾸기
비산(飛散)	흩날림
비옥(肥沃)	걸기
비유(泌乳)	젖나기
비육(肥育)	살찌우기
비육양돈(肥育養豚)	살돼지 기르기
비음(庇陰)	그늘
비장(臟)	지라
비절(肥絶)	거름 떨어짐
비환(鼻環)	코뚜레
비효(肥效)	거름효과
빈독우(牝犢牛)	암송아지
빈사상태(瀕死狀態)	다죽은 상태

빈우(牝牛)	암소	산양(山羊)	염소
人		산양유(山羊乳)	염소젖
		산유(酸乳)	젖내기
사(砂)	모래	산유량(酸乳量)	우유 생산량
사견양잠(絲繭養蠶)	실고치 누에치기	산육량(産肉量)	살코기량
사경(砂耕)	모래 가꾸기	산자수(産仔數)	새끼수
사과(絲瓜)	수세미	산파(散播)	흩뿌림
사근접(斜根接)	뿌리엇접	산포도(山葡萄)	머루
사낭(砂囊)	모래주머니	살분기(撒粉機)	가루뿜개
사란(死卵)	곤달걀	삼투성(滲透性)	스미는 성질
사력토(砂礫土)	자갈흙	삽목(揷木)	꺾꽂이
사롱견(死籠繭)	번데기가 죽은 고치	삽목묘(揷木苗)	꺾꽂이모
사료(飼料)	먹이	삽목상(揷木床)	꺾꽂이 모판
사료급여(飼料給與)	먹이주기	삽미(澁味)	떫은 맛
사료포(飼料圃)	사료밭	삽상(揷床)	꺾꽂이 모판
사망(絲網)	실그물	삽수(揷穗)	꺾꽂이순
사면(四眠)	넉잠	삽시(揷柿)	떫은 감
사멸온도(死滅溫度)	죽는 온도	삽식(揷植)	꺾꽂이
사비료작물(飼肥料作物)	먹이 거름작물	삽접(揷接)	꽂이접
사사(舍飼)	가둬 기르기	상(床)	모판
사산(死産)	죽은 새끼낳음	상개각충(桑介殼)	뽕깍지 벌레
사삼(沙蔘)	더덕	상견(上繭)	상등고치
사성휴(四盛畦)	네가웃지기	상면(床面)	모판바닥
사식(斜植)	빗심기, 사식	상명아(桑螟蛾)	뽕나무명나방
사양(飼養)	치기, 기르기	상묘(桑苗)	뽕나무묘목
사양토(砂壤土)	모래참흙	상번초(上繁草)	키가 크고 잎이 위쪽에 많은 풀
사육(飼育)	기르기, 치기	상습지(常習地)	자주나는 곳
사접(斜接)	엇접	상심(桑)	오디
사조(飼槽)	먹이통	상심지영승(湘芯止蠅)	뽕나무순혹파리
사조맥(四條麥)	네모보리	상아고병(桑芽枯病)	뽕나무눈마름병, 뽕눈마름병
사총(絲蔥)	실파	상엽(桑葉)	뽕잎
사태아(死胎兒)	죽은 태아	상엽충(桑葉)	뽕잎벌레
사토(砂土)	모래흙	상온(床溫)	모판온도
삭	다래	상위엽(上位葉)	윗잎
삭모(削毛)	털깎기	상자육(箱子育)	상자치기
삭아접(削芽接)	깍기눈접	상저(上藷)	상고구마
삭제(削蹄)	발굽깍기, 굽깍기	상전(桑田)	뽕밭
산과앵도(酸果櫻挑)	신앵두	상족(上族)	누에올리기
산도교정(酸度橋正)	산성고치기	상주(霜柱)	서릿발
산란(産卵)	알낳기	상지척확(桑枝尺)	뽕나무자벌레
산리(山李)	산자두	상천우(桑天牛)	뽕나무하늘소
산미(酸味)	신맛	상토(床土)	모판흙
산상(山桑)	산뽕	상폭(上幅)	윗너비, 상폭
산성토양(酸性土壤)	산성흙	상해(霜害)	서리피해
산식(散植)	흩어심기	상흔(傷痕)	흉터
산약(山藥)	마	색택(色澤)	빛깔

생견(生繭)	생고치	성과수(成果樹)	자란 열매나무
생경중(生莖重)	풋줄기무게	성돈(成豚)	자란 돼지
생고중(生藁重)	생짚 무게	성목(成木)	자란 나무
생돈(生豚)	생돼지	성묘(成苗)	자란 모
생력양잠(省力養蠶)	노동력 줄여 누에치기	성숙기(成熟期)	익음 때
생력재배(省力栽培)	노동력 줄여 가꾸기	성엽(成葉)	다자란 잎, 자란 잎
생사(生飼)	날로 먹이기	성장률(成長率)	자람 비율
생시체중(生時體重)	날때 몸무게	성추(成雛)	큰병아리
생식(生食)	날로 먹기	성충(成蟲)	어른벌레
생유(生乳)	날젖	성토(成兎)	자란 토끼
생육(生肉)	날고기	성토법(盛土法)	묻어떼기
생육상(生育狀)	자라는 모양	성하기(盛夏期)	한여름
생육적온(生育適溫)	자라기 적온, 자라기 맞는 온도	세균성연화병(細菌性軟化病)	세균무름병
생장률(生長率)	자람비율	세근(細根)	잔뿌리
생장조정제(生長調整劑)	생장조정약	세모(洗毛)	털 씻기
생전분(生澱粉)	날녹말	세잠(細蠶)	가는 누에
서(黍)	기장	세절(細切)	잘게 썰기
서강사료(薯糠飼料)	겨감자먹이	세조파(細條播)	가는 줄뿌림
서과(西瓜)	수박	세지(細枝)	잔가지
서류(薯類)	감자류	세척(洗滌)	씻기
서상충(鋤床層)	쟁기밑충	소각(燒却)	태우기
서양리(西洋李)	양자두	소광(巢)	벌집틀
서혜임파절(鼠蹊淋巴節)	사타구니임파절	소국(小菊)	잔국화
석답(潟畓)	갯논	소낭(囊)	모이주머니
석분(石粉)	돌가루	소두(小豆)	팥
석회고(石灰藁)	석회짚	소두상충(小豆象)	팥바구미
석회석분말(石灰石粉末)	석회가루	소립(小粒)	잔알
선견(選繭)	고치 고르기	소립종(小粒種)	잔씨
선과(選果)	과실 고르기	소맥(小麥)	밀
선단고사(先端枯死)	끝마름	소맥고(小麥藁)	밀짚
선단벌채(先端伐採)	끝베기	소맥부(小麥)	밀기울
선란기(選卵器)	알고르개	소맥분(小麥粉)	밀가루
선모(選毛)	털고르기	소문(巢門)	벌통문
선종(選種)	씨고르기	소밀(巢蜜)	개꿀, 벌통에서 갓 떼어내
선택성(選擇性)	가릴성		벌집에 그대로 들어있는 꿀
선형(扇形)	부채꼴	소비(巢脾)	밀랍으로 만든 벌집
선회운동(旋回運動)	맴돌이운동, 맴돌이	소비재배(小肥栽培)	거름 적게 주어 가꾸기
설립(粒)	쭉정이	소상(巢箱)	벌통
설미(米)	쭉정이쌀	소식(疎植)	성글게 심기, 드물게 심기
설서(薯)	잔감자	소양증(瘙痒症)	가려움증
설저(藷)	잔고구마	소엽(蘇葉)	차조기잎, 차조기
설하선(舌下腺)	혀밑샘	소우(素牛)	밑소
설형(楔形)	쐐기꼴	소잠(掃蠶)	누에떨기
섬세지(纖細枝)	실가지	소주밀식(小株密植)	적게 잡아 배게심기
섬유장(纖維長)	섬유길이	소지경(小枝梗)	벼알가지
성계(成鷄)	큰닭	소채아(小菜蛾)	배추좀나방

소초(巢礎)	벌집틀바탕	수용성(水溶性)	물에 녹는
소토(燒土)	흙 태우기	수용제(水溶劑)	물녹임약
속(束)	묶음, 다발, 뭇	수유(受乳)	젖받기, 젖주기
속(粟)	조	수유율(受乳率)	기름내는 비율
속명충(粟螟)	조명나방	수이(水飴)	물엿
속성상전(速成桑田)	속성 뽕밭	수장(穗長)	이삭길이
속성퇴비(速成堆肥)	빨리 썩을 두엄	수전기(穗期)	이삭 거의 팼을 때
속야도충(粟夜盜)	멸강나방	수정(受精)	정받이
속효성(速效性)	빨리 듣는	수정란(受精卵)	정받이알
쇄미(碎米)	싸라기	수조(水)	물통
쇄토(碎土)	흙 부수기	수종(水腫)	물종기
수간(樹間)	나무 사이	수중형(穗重型)	큰이삭형
수견(收繭)	고치따기	수차(手車)	손수레
수경재배(水耕栽培)	물로 가꾸기	수차(水車)	물방아
수고(樹高)	나무키	수척(瘦瘠)	여윔
수고병(穗枯病)	이삭마름병	수침(水浸)	물잠김
수광(受光)	빛살받기	수태(受胎)	새끼배기
수도(水稻)	벼	수포(水泡)	물집
수도이앙기(水稻移秧機)	모심개	수피(樹皮)	나무 껍질
수동분무기(手動噴霧器)	손뿜개	수형(樹形)	나무 모양
수두(獸痘)	짐승마마	수형(穗形)	이삭 모양
수령(樹)	나무사이	수화제(水和劑)	물풀이약
수로(水路)	도랑	수확(收穫)	거두기
수리불안전답(水利不安全畓)	물 사정 나쁜 논	수확기(收穫機)	거두는 기계
수리안전답(水利安全畓)	물 사정 좋은 논	숙근성(宿根性)	해묵이
수면처리(水面處理)	물 위 처리	숙기(熟期)	익음 때
수모(獸毛)	짐승털	숙도(熟度)	익은 정도
수묘대(水苗垈)	물 못자리	숙면기(熟眠期)	깊은 잠 때
수밀(蒐蜜)	꿀 모으기	숙사(熟飼)	끓여 먹이기
수발아(穗發芽)	이삭 싹나기	숙잠(熟蠶)	익은 누에
수병(銹病)	녹병	숙전(熟田)	길든 밭
수분(受粉)	꽃가루받이, 가루받이	숙지삽(熟枝揷)	굳가지꽃이
수분(水分)	물기	숙채(熟菜)	익힌 나물
수분수(授粉樹)	가루받이 나무	순찬경법(順次耕法)	차례 갈기
수비(穗肥)	이삭거름	순치(馴致)	길들이기
수세(樹勢)	나무자람새	순화(馴化)	길들이기, 굳히기
수수(穗數)	이삭수	순환관개(循環灌漑)	돌려 물대기
수수(穗首)	이삭목	순회관찰(巡廻觀察)	돌아보기
수수도열병(穗首稻熱病)	목도열병	습답(濕畓)	고논
수수분화기(穗首分化期)	이삭 생길 때	습포육(濕布育)	젖은 천 덮어치기
수수형(穗數型)	이삭 많은 형	승가(乘駕)	교배를 위해 등에 올라타는 것
수양성하리(水性下痢)	물똥설사	시(柿)	감
수엽량(收葉量)	뽕 거둠량	시비(施肥)	거름주기, 비료주기
수아(收蛾)	나방 거두기	시비개선(施肥改善)	거름주는 방법을 좋게 바꿈
수온(水溫)	물온도	시비기(施肥機)	거름주개
수온상승(水溫上昇)	물온도 높이기	시산(始産)	처음 낳기

시실아(柿實蛾)	감꼭지나방		
시진(視診)	살펴보기 진단, 보기진단		
시탈삽(柿脫澁)	감우림		
식단(食單)	차림표		
식부(植付)	심기		
식상(植傷)	몸살		
식상(植桑)	뽕나무심기		
식습관(食習慣)	먹는 버릇		
식양토(埴壤土)	질참흙		
식염(食鹽)	소금		
식염첨가(食鹽添加)	소금치기		
식우성(食羽性)	털 먹는 버릇		
식이(食餌)	먹이		
식재거리(植栽距離)	심는 거리		
식재법(植栽法)	심는 법		
식토(植土)	질흙		
식하량(食下量)	먹는 양		
식해(害)	갉음 피해		
식혈(植穴)	심을 구덩이		
식흔(痕)	먹은 흔적		
신미종(辛味種)	매운 품종		
신소(新)	새가지, 새순		
신소삽목(新揷木)	새순 꺾꽂이		
신소엽량(新葉量)	새순 잎량		
신엽(新葉)	새잎		
신장(腎臟)	콩팥, 신장		
신장기(伸張期)	줄기자람 때		
신장절(伸張節)	자란 마디		
신지(新枝)	새가지		
신품종(新品種)	새품종		
실면(實棉)	목화		
실생묘(實生苗)	씨모		
실생번식(實生繁殖)	씨로 불림		
심경(深耕)	깊이 갈이		
심경다비(深耕多肥)	깊이 갈아 걸우기		
심고(芯枯)	순마름		
심근성(深根性)	깊은 뿌리성		
심부명(深腐病)	속썩음병		
심수관개(深水灌漑)	물 깊이대기, 깊이대기		
심식(深植)	깊이심기		
심엽(心葉)	속잎		
심지(芯止)	순멎음, 순멎이		
심층시비(深層施肥)	깊이 거름주기		
심토(心土)	속흙		
심토충(心土層)	속흙충		
십자화과(十字花科)	배추과		

ㅇ

아(芽)	눈
아(蛾)	나방
아고병(芽枯病)	눈마름병
아삽(芽揷)	눈꽂이
아접(芽接)	눈접
아접도(芽接刀)	눈접칼
아주지(亞主枝)	버금가지
아충	진딧물
악	꽃받침
악성수종(惡性水腫)	악성물종기
악편(片)	꽃받침조각
안(眼)	눈
안점기(眼点期)	점보일 때
암거배수(暗渠排水)	속도랑 물빼기
암발아종자(暗發芽種子)	그늘받이씨
암최청(暗催靑)	어둠 알깨기
압궤(壓潰)	눌러 으깨기
압사(壓死)	깔려죽음
압조법(壓條法)	휘묻이
압착기(壓搾機)	누름틀
액비(液肥)	물거름, 액체비료
액아(腋芽)	겨드랑이눈
액제(液劑)	물약
액체비료(液體肥料)	물거름
앵속(罌粟)	양귀비
야건초(野乾草)	말린들풀
야도아(夜盜蛾)	도둑나방
야도충(夜盜)	도둑벌레, 밤나방의 어린 벌레
야생초(野生草)	들풀
야수(野獸)	들짐승
야자유(椰子油)	야자기름
야잠견(野蠶繭)	들누에고치
야적(野積)	들가리
야초(野草)	들풀
약(葯)	꽃밥
약목(若木)	어린 나무
약빈계(若牝鷄)	햇암탉
약산성토양(弱酸性土壤)	약한 산성흙
약숙(若熟)	덜익음
약염기성(弱鹽基性)	약한 알칼리성
약웅계(若雄鷄)	햇수탉
약지(弱枝)	약한 가지
약지(若枝)	어린 가지

약충(若)	애벌레, 유충	연이법(練餌法)	반죽먹이기
약토(若兎)	어린 토끼	연작(連作)	이어짓기
양건(乾)	볕에 말리기	연초야아(煙草夜蛾)	담배나방
양계(養鷄)	닭치기	연하(嚥下)	삼킴
양돈(養豚)	돼지치기	연화병(軟化病)	무름병
양두(羊痘)	염소마마	연화재배(軟化栽培)	연하게 가꾸기
양마(洋麻)	양삼	열과(裂果)	열매터짐, 터진열매
양맥(洋麥)	호밀	열구(裂球)	통터짐, 알터짐, 터진알
양모(羊毛)	양털	열근(裂根)	뿌리터짐, 터진 뿌리
양묘(養苗)	모 기르기	열대과수(熱帶果樹)	열대 과일나무
양묘육성(良苗育成)	좋은 모 기르기	열엽(裂葉)	갈래잎
양봉(養蜂)	벌치기	염기성(鹽基性)	알칼리성
양사(羊舍)	양우리	염기포화도(鹽基飽和度)	알칼리포화도
양상(揚床)	돋움 모판	염료(染料)	물감
양수(揚水)	물 푸기	염료작물(染料作物)	물감작물
양수(羊水)	새끼집 물	염류농도(鹽類濃度)	소금기 농도
양열재료(釀熱材料)	열 낼 재료	염류토양(鹽類土壤)	소금기 흙
양유(羊乳)	양젖	염수(鹽水)	소금물
양육(羊肉)	양고기	염수선(鹽水選)	소금물 가리기
양잠(養蠶)	누에치기	염안(鹽安)	염화암모니아
양접(揚接)	딴자리접	염장(鹽藏)	소금저장
양질미(良質米)	좋은 쌀	염중독증(鹽中毒症)	소금중독증
양토(壤土)	참흙	염증(炎症)	곪음증
양토(養兎)	토끼치기	염지(鹽漬)	소금절임
어란(魚卵)	말린 생선알, 생선알	염해(鹽害)	짠물해
어분(魚粉)	생선가루	염해지(鹽害地)	짠물해 땅
어비(魚肥)	생선거름	염화가리(鹽化加里)	염화칼리
억제재배(抑制栽培)	늦추어가꾸기	엽고병(葉枯病)	잎마름병
언지법(偃枝法)	휘묻이	엽권병(葉卷病)	잎말이병
얼자(蘖子)	새끼가지	엽권충(葉卷)	잎말이나방
엔시리지(ensilage)	담근먹이	엽령(葉齡)	잎나이
여왕봉(女王蜂)	여왕벌	엽록소(葉綠素)	잎파랑이
역병(疫病)	돌림병	엽맥(葉脈)	잎맥
역용우(役用牛)	일소	엽면살포(葉面撒布)	잎에 뿌리기
역우(役牛)	일소	엽면시비(葉面施肥)	잎에 거름주기
역축(役畜)	일가축	엽면적(葉面積)	잎면적
연가조상수확법	연간 가지 뽕거두기	엽병(葉柄)	잎자루
연골(軟骨)	물렁뼈	엽비(葉)	응애
연구기(燕口期)	잎펼 때	엽삽(葉揷)	잎꽂이
연근(蓮根)	연뿌리	엽서(葉序)	잎차례
연맥(燕麥)	귀리	엽선(葉先)	잎끝
연부병(軟腐病)	무름병	엽선절단(葉先切斷)	잎끝자르기
연사(練飼)	이겨 먹이기	엽설(葉舌)	잎혀
연상(練床)	이긴 모판	엽신(葉身)	잎새
연수(軟水)	단물	엽아(葉芽)	잎눈
연용(連用)	이어쓰기	엽연(葉緣)	잎가선

엽연초(葉煙草)	잎담배	외피복(外被覆)	겉덮기, 겉덮개
엽육(葉肉)	잎살	요(尿)	오줌
엽이(葉耳)	잎귀	요도결석(尿道結石)	오줌길에 생긴 돌
엽장(葉長)	잎길이	요독증(尿毒症)	오줌독 증세
엽채류(葉菜類)	잎채소류, 잎채소붙이	요실금(尿失禁)	오줌 흘림
엽초(葉)	잎집	요의빈삭(尿意頻數)	오줌 자주 마려움
엽폭(葉幅)	잎 너비	요절병(腰折病)	잘록병
영견(營繭)	고치짓기	욕광최아(浴光催芽)	햇볕에서 싹띄우기
영계(鷄)	약병아리	용수로(用水路)	물대기 도랑
영년식물(永年植物)	오래살이 작물	용수원(用水源)	끝물
영양생장(營養生長)	몸자람	용제(溶劑)	녹는 약
영화(穎化)	이삭꽃	용탈(溶脫)	녹아 빠짐
영화분화기(穎化分化期)	이삭꽃 생길 때	용탈증(溶脫症)	녹아 빠진 흙
예도(刈倒)	베어 넘김	우(牛)	소
예찰(豫察)	미리 살핌	우결핵(牛結核)	소결핵
예초(刈草)	풀베기	우량종자(優良種子)	좋은 씨앗
예초기(刈草機)	풀베개	우모(羽毛)	깃털
예취(刈取)	베기	우사(牛舍)	외양간
예취기(刈取機)	풀베개	우상(牛床)	축사에 소를 1마리씩
예폭(刈幅)	벨너비		수용하기 위한 구획
오모(汚毛)	더러운 털	우승(牛蠅)	쇠파리
오수(汚水)	더러운 물	우육(牛肉)	쇠고기
오염견(汚染繭)	물든 고치	우지(牛脂)	쇠기름
옥견(玉繭)	쌍고치	우형기(牛衡器)	소저울
옥사(玉絲)	쌍고치실	우회수로(迂廻水路)	돌림도랑
옥외육(屋外育)	한데치기	운형병(雲形病)	수탉
옥촉서(玉蜀黍)	옥수수	웅봉(雄蜂)	수벌
옥총(玉)	양파	웅성불임(雄性不稔)	고자성
옥총승(玉繩)	고자리파리	웅수(雄穗)	수이삭
옥토(沃土)	기름진 땅	웅예(雄)	수술
온수관개(溫水灌漑)	더운 물대기	웅추(雄雛)	수평아리
온욕법(溫浴法)	더운 물담그기	웅충(雄)	수벌레
완두상충(豌豆象)	완두바구미	웅화(雄花)	수꽃
완숙(完熟)	다익음	원경(原莖)	원줄기
완숙과(完熟果)	익은 열매	원추형(圓錐形)	원뿔꽃
완숙퇴비(完熟堆肥)	다썩은 두엄	원형화단(圓形花壇)	둥근 꽃밭
완전변태(完全變態)	갖춘 탈바꿈	월과(越瓜)	김치오이
완초(莞草)	왕골	월년생(越年生)	두해살이
완효성(緩效性)	천천히 듣는	월동(越冬)	겨울나기
왕대(王臺)	여왕벌집	위임신(僞妊娠)	헛배기
왕봉(王蜂)	여왕벌	위조(萎凋)	시듦
왜성대목(倭性臺木)	난장이 바탕나무	위조계수(萎凋係數)	시듦값
외곽목책(外廓木柵)	바깥울	위조점(萎凋点)	시들점
외래종(外來種)	외래품종	위축병(萎縮病)	오갈병
외반경(外返耕)	바깥 돌아갈이	위황병(萎黃病)	누른오갈병
외상(外傷)	겉상처	유(柚)	유자

유근(幼根)	어린 뿌리	유효분얼최성기(有效分蘖最盛)	참 새끼치기 최성기
유당(乳糖)	젖당	期)	
유도(油桃)	민복숭아	유효분얼 한계기	참 새끼치기 한계기
유료작물(有料作物)	기름작물	유효분지수(有效分枝數)	참가지수, 유효가지수
유목(幼木)	어린 나무	유효수수(有效穗數)	참이삭수
유묘(幼苗)	어린모	유휴지(遊休地)	묵힌 땅
유박(油粕)	깻묵	육계(肉鷄)	고기를 위해 기르는 닭, 식육용 닭
유방염(乳房炎)	젖알이	육도(陸稻)	밭벼
유봉(幼蜂)	새끼벌	육돈(陸豚)	살퇘지
유산(乳酸)	젖산	육묘(育苗)	모기르기
유산(流産)	새끼지우기	육묘대(陸苗垈)	밭모판, 밭못자리
유산가리(酸加里)	황산가리	육묘상(育苗床)	못자리
유산균(乳酸菌)	젖산균	육성(育成)	키우기
유산망간(酸mangan)	황산망간	육아재배(育芽栽培)	싹내 가꾸기
유산발효(乳酸醱酵)	젖산 띄우기	육우(肉牛)	고기소
유산양(乳山羊)	젖염소	육잠(育蠶)	누에치기
유살(誘殺)	꾀어 죽이기	육즙(肉汁)	고기즙
유상(濡桑)	물뽕	육추(育雛)	병아리기르기
유선(乳腺)	젖줄, 젖샘	윤문병(輪紋病)	테무늬병
유수(幼穗)	어린 이삭	윤작(輪作)	돌려짓기
유수분화기(幼穗分化期)	이삭 생길 때	윤환방목(輪換放牧)	옮겨 놓아 먹이기
유수형성기(幼穗形成期)	배동받이 때	윤환채초(輪換採草)	옮겨 풀베기
유숙(乳熟)	젖 익음	율(栗)	밤
유아(幼芽)	어린 싹	은아(隱芽)	숨은 눈
유아등(誘蛾燈)	꾀임등	음건(陰乾)	그늘 말리기
유안(硫安)	황산암모니아	음수량(飮水量)	물먹는 양
유압(油壓)	기름 압력	음지답(陰地畓)	응달논
유엽(幼葉)	어린 잎	응집(凝集)	엉김, 응집
유우(乳牛)	젖소	응혈(凝血)	피 엉김
유우(幼牛)	애송아지	의빈대(疑牝臺)	암틀
유우사(乳牛舍)	젖소외양간, 젖소간	의잠(蟻蠶)	개미누에
유인제(誘引劑)	꾀임약	이(李)	자두
유제(油劑)	기름약	이(梨)	배
유지(乳脂)	젖기름	이개(耳介)	귓바퀴
유착(癒着)	엉겨 붙음	이기작(二期作)	두 번 짓기
유추(幼雛)	햇병아리, 병아리	이년생화초(二年生花草)	두해살이 화초
유추사료(幼雛飼料)	햇병아리 사료	이대소야아(二帶小夜蛾)	벼애나방
유축(幼畜)	어린 가축	이면(二眠)	두잠
유충(幼蟲)	애벌레, 약충	이모작(二毛作)	두 그루갈이
유토(幼兎)	어린 토끼	이박(飴粕)	엿밥
유합(癒合)	아뭄	이백삽병(裏白澁病)	뒷면흰가루병
유황(黃)	황	이병(痢病)	설사병
유황대사(黃代謝)	황대사	이병경률(罹病莖率)	병든 줄기율
유황화합물(黃化合物)	황화합물	이병묘(罹病苗)	병든 모
유효경비율(有效莖比率)	참줄기비율	이병성(罹病性)	병 걸림성
		이병수율(罹病穗率)	병든 이삭률

이병식물(罹病植物)	병든 식물
이병주(罹病株)	병든 포기
이병주율(罹病株率)	병든 포기율
이식(移植)	옮겨심기
이앙밀도(移秧密度)	모내기뱀새
이야포(二夜包)	한밤 묵히기
이유(離乳)	젖떼기
이주(梨酒)	배술
이품종(異品種)	다른 품종
이하선(耳下線)	귀밑샘
이형주(異型株)	다른 꼴 포기
이화명충(二化螟)	이화명나방
이환(罹患)	병 걸림
이희심식충(梨姬心食)	배명나방
익충(益)	이로운 벌레
인경(鱗莖)	비늘줄기
인공부화(人工孵化)	인공알깨기
인공수정(人工受精)	인공 정받이
인공포유(人工哺乳)	인공 젖먹이기
인안(鱗安)	인산암모니아
인입(引入)	끌어들임
인접주(隣接株)	옆그루
인초(藺草)	골풀
인편(鱗片)	쪽
인후(咽喉)	목구멍
일건(日乾)	볕말림
일고(日雇)	날품
일년생(一年生)	한해살이
일륜차(一輪車)	외바퀴수레
일면(一眠)	첫잠
일조(日照)	볕
일협립수(1莢粒數)	꼬투리당 일수
임돈(姙豚)	새끼밴 돼지
임신(姙娠)	새끼배기
임신징후(姙娠徵候)	임신기, 새깨밴 징후
임실(稔實)	씨여뭄
임실유(荏實油)	들기름
입고병(立枯病)	잘록병
입단구조(粒團構造)	떼알구조
입도선매(立稻先賣)	벼베기 전 팔이,베기 전 팔이
입란(入卵)	알넣기
입색(粒色)	낟알색
입수계산(粒數計算)	낟알 셈
입제(粒劑)	싸락약
입중(粒重)	낟알 무게
입직기(織機)	가마니틀

잉여노동(剩餘勞動)	남는 노동

ㅈ

자(刺)	가시
자가수분(自家受粉)	제 꽃가루 받이
자견(煮繭)	고치삶기
자궁(子宮)	새끼집
자근묘(自根苗)	제뿌리 모
자돈(仔豚)	새끼돼지
자동급사기(自動給飼機)	자동 먹이틀
자동급수기(自動給水機)	자동물주개
자만(子蔓)	아들덩굴
자묘(子苗)	새끼모
자반병(紫斑病)	자주무늬병
자방(子房)	씨방
자방병(子房病)	씨방자루
자산양(子山羊)	새끼염소
자소(紫蘇)	차조기
자수(雌穗)	암이삭
자아(雌蛾)	암나방
자연초지(自然草地)	자연 풀밭
자엽(子葉)	떡잎
자예(雌)	암술
자웅감별(雌雄鑑別)	암술 가리기
자웅동체(雌雄同體)	암수 한 몸
자웅분리(雌雄分離)	암수 가리기
자저(煮藷)	찐고구마
자추(雌雛)	암평아리
자침(刺針)	벌침
자화(雌花)	암꽃
자화수정(自花受精)	제 꽃가루받이,제 꽃 정받이
작부체계(作付體系)	심기차례
작열감(灼熱感)	모진 아픔
작조(作條)	골타기
작토(作土)	갈이 흙
작형(作型)	가꿈꼴
작황(作況)	되는 모양, 농작물의 자라는 상황
작휴재배(作畦栽培)	이랑가꾸기
잔상(殘桑)	남은 뽕
잔여모(殘餘苗)	남은 모
잠가(蠶架)	누에 시렁
잠견(蠶繭)	누에고치
잠구(蠶具)	누에연모
잠란(蠶卵)	누에 알
잠령(蠶齡)	누에 나이

잠망(蠶網)	누에 그물	저해견(害繭)	구더기난 고치
잠박(蠶箔)	누에 채반	저휴(低畦)	낮은 이랑
잠복아(潛伏芽)	숨은 눈	적고병(赤枯病)	붉은마름병
잠사(蠶絲)	누에실, 잠실	적과(摘果)	열매솎기
잠아(潛芽)	숨은 눈	적과협(摘果鋏)	열매솎기 가위
잠엽충(潛葉)	잎굴나방	적기(適期)	제때, 제철
잠작(蠶作)	누에되기	적기방제(適期防除)	제때 방제
잠족(蠶簇)	누에섶	적기예취(適期刈取)	제때 베기
잠종(蠶種)	누에씨	적기이앙(適期移秧)	제때 모내기
잠종상(蠶種箱)	누에씨상자	적기파종(適期播種)	제때 뿌림
잠좌지(蠶座紙)	누에 자리종이	적량살포(適量撒布)	알맞게 뿌리기
잡수(雜穗)	잡이삭	적량시비(適量施肥)	알맞은 양 거름주기
장간(長稈)	큰키	적뢰(摘)	봉오리 따기
장과지(長果枝)	긴열매가지	적립(摘粒)	알솎기
장관(腸管)	창자	적맹(摘萌)	눈솎기
장망(長芒)	긴까락	적미병(摘微病)	붉은곰팡이병
장방형식(長方形植)	긴모꼴심기	적상(摘桑)	뽕따기
장시형(長翅型)	긴날개꼴	적상조(摘桑爪)	뽕가락지
장일성식물(長日性植物)	긴볕 식물	적성병(赤星病)	붉은별무늬병
장일처리(長日處理)	긴볕 쬐기	적수(摘穗)	송이솎기
장잠(壯蠶)	큰누에	적심(摘芯)	순지르기
장중첩(腸重疊)	창자 겹침	적아(摘芽)	눈따기
장폐색(腸閉塞)	창자 막힘	적엽(摘葉)	잎따기
재발아(再發芽)	다시 싹나기	적예(摘)	순지르기
재배작형(栽培作型)	가꾸기꼴	적의(赤蟻)	붉은개미누에
재상(栽桑)	뽕가꾸기	적토(赤土)	붉은 흙
재생근(再生根)	되난뿌리	적화(摘花)	꽃솎기
재식(栽植)	심기	전륜(前輪)	앞바퀴
재식거리(栽植距離)	심는 거리	전면살포(全面撒布)	전면뿌리기
재식면적(栽植面積)	심는 면적	전모(剪毛)	털깍기
재식밀도(栽植密度)	심음배기, 심었을 때 빽빽한 정도	전묘대(田苗垈)	밭못자리
저(楮)	닥나무, 닥	전분(澱粉)	녹말
저견(貯繭)	고치 저장	전사(轉飼)	옮겨 기르기
저니토(低泥土)	시궁흙	전시포(展示圃)	본보기논, 본보기밭
저마(苧麻)	모시	전아육(全芽育)	순뽕치기
저밀(貯蜜)	꿀갈무리	전아육성(全芽育成)	새순 기르기
저상(貯桑)	뽕저장	전염경로(傳染經路)	옮은 경로
저설온상(低說溫床)	낮은 온상	전엽육(全葉育)	잎뽕치기
저수답(貯水畓)	물받이 논	전용상전(專用桑田)	전용 뽕밭
저습지(低濕地)	질펄 땅, 진 땅	전작(前作)	앞그루
저위생산답(低位生産畓)	소출낮은 논	전작(田作)	밭농사
저위예취(低位刈取)	낮추베기	전작물(田作物)	밭작물
저작구(咀嚼口)	씹는 입	전정(剪定)	다듬기
저작운동(咀嚼運動)	씹기 운동, 씹기	전정협(剪定鋏)	다듬가위
저장(貯藏)	갈무리	전지(前肢)	앞다리
저항성(低抗性)	버틸성	전지(剪枝)	가지 다듬기

전지관개(田地灌漑)	밭물대기	제각(除角)	뿔 없애기, 뿔 자르기
전직장(前直腸)	앞곧은 창자	제경(除莖)	줄기치기
전층시비(全層施肥)	거름흙살 섞어주기	제과(製菓)	과자만들기
절간(切干)	썰어 말리기	제대(臍帶)	탯줄
절간(節間)	마디사이	제대(除袋)	봉지 벗기기
절간신장기(節間伸長期)	마디 자랄 때	제동장치(制動裝置)	멈춤장치
절간장(節稈長)	마디길이	제마(製麻)	삼 만들기
절개(切開)	가름	제맹(除萌)	순따기
절근아법(切根芽法)	뿌리눈접	제면(製麵)	국수 만들기
절단(切斷)	자르기	제사(除沙)	똥갈이
절상(切傷)	베인 상처	제심(除心)	속대 자르기
절수재배(節水栽培)	물 아껴 가꾸기	제염(除鹽)	소금빼기
절접(切接)	깍기접	제웅(除雄)	수술치기
절토(切土)	흙깍기	제점(臍点)	배꼽
절화(折花)	꽃이꽃	제족기(弟簇機)	섶틀
절흔(切痕)	베인 자국	제초(除草)	김매기
점등사육(點燈飼育)	불켜 기르기	제핵(除核)	씨빼기
점등양계(點燈養鷄)	불켜 닭기르기	조(棗)	대추
점적식관수(点滴式灌水)	방울 물주기	조간(條間)	줄 사이
점진최청(漸進催靑)	점진 알깨기	조고비율(組藁比率)	볏짚비율
점청기(点靑期)	점보일 때	조기재배(早期栽培)	일찍 가꾸기
점토(粘土)	찰흙	조맥강(粗麥糠)	거친 보릿겨
점파(点播)	점뿌림	조사(繰絲)	실켜기
접도(接刀)	접칼	조사료(粗飼料)	거친 먹이
접목묘(接木苗)	접나무모	조상(條桑)	가지뽕
접삽법(接揷法)	접꽂아	조상육(條桑育)	가지뽕치기
접수(接穗)	접순	조생상(早生桑)	올뽕
접아(接芽)	접눈	조생종(早生種)	올씨
접지(接枝)	접가지	조소(造巢)	벌집 짓기, 집 짓기
접지압(接地壓)	땅누름 압력	조숙(早熟)	올 익음
정곡(精穀)	알곡	조숙재배(早熟栽培)	일찍 가꾸기
정마(精麻)	속삼	조식(早植)	올 심기
정맥(精麥)	보리쌀	조식재배(早植栽培)	올 심어 가꾸기
정맥강(精麥糠)	몽근쌀 비율	조지방(粗脂肪)	거친 굳기름
정맥비율(精麥比率)	보리쌀 비율	조파(早播)	올 뿌림
정선(精選)	잘 고르기	조파(條播)	줄뿌림
정식(定植)	아주심기	조회분(粗灰分)	거친 회분
정아(頂芽)	끝눈	족(簇)	섶
정엽량(正葉量)	잎뽕량	족답탈곡기(足踏脫穀機)	디딜 탈곡기
정육(精肉)	살코기	족착견(簇着繭)	섶자국 고치
정제(錠劑)	알약	종견(種繭)	씨고치
정조(正租)	알벼	종계(種鷄)	씨닭
정조식(正祖式)	줄모	종구(種球)	씨알
정지(整地)	땅고르기	종균(種菌)	씨균
정지(整枝)	가지고르기	종근(種根)	씨뿌리
정화아(頂花芽)	끝꽃눈	종돈(種豚)	씨돼지

종란(種卵)	씨알	중생종(中生種)	가온씨
종모돈(種牡豚)	씨수퇘지	중식기(中食期)	중밥 때
종모우(種牡牛)	씨황소	중식토(重植土)	찰질흙
종묘(種苗)	씨모	중심공동서(中心空胴薯)	속 빈 감자
종봉(種蜂)	씨벌	중추(中雛)	중병아리
종부(種付)	접붙이기	증체량(增體量)	살찐 양
종빈돈(種牝豚)	씨암퇘지	지(枝)	가지
종빈우(種牝牛)	씨암소	지각(枳殼)	탱자
종상(終霜)	끝서리	지경(枝梗)	이삭가지
종실(種實)	씨알	지고병(枝枯病)	가지마름병
종실중(種實重)	씨무게	지근(枝根)	갈림 뿌리
종양(腫瘍)	혹	지두(枝豆)	풋콩
종자(種子)	씨앗, 씨	지력(地力)	땅심
종자갱신(種子更新)	씨앗갈이	지력증진(地力增進)	땅심 돋우기
종자교환(種子交換)	씨앗바꾸기	지면잠(遲眠蠶)	늦잠누에
종자근(種子根)	씨뿌리	지발수(遲發穗)	늦이삭
종자예조(種子豫措)	종자가리기	지방(脂肪)	굳기름
종자전염(種子傳染)	씨앗 전염	지분(紙盆)	종이분
종창(腫脹)	부어오름	지삽(枝揷)	가지꽂이
종축(種畜)	씨가축	지엽(止葉)	끝잎
종토(種兎)	씨토끼	지잠(遲蠶)	처진 누에
종피색(種皮色)	씨앗 빛	지접(枝接)	가지접
좌상육(桑育)	뽕썰어치기	지제부분(地際部分)	땅 닿은 곳
좌아육(芽育)	순썰어치기	지조(枝條)	가지
좌절도복(挫折倒伏)	꺾어 쓰러짐	지주(支柱)	받침대
주(株)	포기, 그루	지표수(地表水)	땅윗물
주간(主幹)	원줄기	지하경(地下莖)	땅 속 줄기
주간(株間)	포기사이, 그루사이	지하수개발(地下水開發)	땅 속 물 찾기
주간거리(株間距離)	그루사이, 포기사이	지하수위(地下水位)	지하수 높이
주경(主莖)	원줄기	직근(直根)	곧은 뿌리
주근(主根)	원뿌리	직근성(直根性)	곧은 뿌리성
주년재배(周年栽培)	사철가꾸기	직립경(直立莖)	곧은 줄기
주당수수(株當穗數)	포기당 이삭수	직립성낙화생(直立性落花生)	오뚜기땅콩
주두(柱頭)	암술머리	직립식(直立植)	곧추 심기
주아(主芽)	으뜸눈	직립지(直立枝)	곧은 가지
주위작(周圍作)	둘레심기	직장(織腸)	곧은 창자
주지(主枝)	원가지	직파(直播)	곧 뿌림
중간낙수(中間落水)	중간 물떼기	진균(眞菌)	곰팡이
중간아(中間芽)	중간눈	진압(鎭壓)	눌러주기
중경(中耕)	매기	질사(窒死)	질식사
중경제초(中耕除草)	김매기	질소과잉(窒素過剩)	질소 넘침
중과지(中果枝)	중간열매가지	질소기아(窒素饑餓)	질소 부족
중력분(中力粉)	보통 밀가루, 밀가루	질소잠재지력(窒素潛在地力)	질소 스민 땅심
중립종(中粒種)	중씨앗	징후(徵候)	낌새
중만생종(中晚生種)	엊늦씨		
중묘(中苗)	중간 모		

차광(遮光)	볕가림
차광재배(遮光栽培)	볕가림 가꾸기
차륜(車輪)	차바퀴
차일(遮日)	해가림
차전초(車前草)	질경이
차축(車軸)	굴대
착과(着果)	열매 달림, 달린 열매
착근(着根)	뿌리 내림
착뢰(着)	망울 달림
착립(着粒)	알달림
착색(着色)	색깔 내기
착유(搾乳)	젖짜기
착즙(搾汁)	즙내기
착탈(着脫)	달고 떼기
착화(着花)	꽃달림
착화불량(着花不良)	꽃눈 형성 불량
찰과상(擦過傷)	긁힌 상처
창상감염(創傷感染)	상처 옮음
채두(菜豆)	강낭콩
채란(採卵)	알걷이
채랍(採蠟)	밀따기
채묘(採苗)	모찌기
채밀(採蜜)	꿀따기
채엽법(採葉法)	잎따기
채종(採種)	씨받이
채종답(採種畓)	씨받이논
채종포(採種圃)	씨받이논, 씨받이밭
채토장(採土場)	흙캐는 곳
척박토(瘠薄土)	메마른 흙
척수(脊髓)	등골
척추(脊椎)	등뼈
천경(淺耕)	얕이갈이
천공병(穿孔病)	구멍병
천구소병(天拘巢病)	빗자루병
천근성(淺根性)	얕은 뿌리성
천립중(千粒重)	천알 무게
천수답(天水畓)	하늘바라기 논, 봉천답
천식(淺植)	얕심기
천일건조(天日乾操)	볕말림
청경법(淸耕法)	김매 가꾸기
청고병(靑枯病)	풋마름병
청마(靑麻)	어저귀
청미(靑米)	청치
청수부(靑首部)	가지와 뿌리의 경계부
청예(靑刈)	풋베기

청예대두(靑刈大豆)	풋베기 콩
청예목초(靑刈木草)	풋베기 목초
청예사료(靑刈飼料)	풋베기 사료
청예옥촉서(靑刈玉蜀黍)	풋베기 옥수수
청정채소(淸淨菜蔬)	맑은 채소
청초(靑草)	생풀
체고(體高)	키
체장(體長)	몸길이
초가(草架)	풀시렁
초결실(初結實)	첫 열림
초고(枯)	잎집마름
초목회(草木灰)	재거름
초발이(初發苡)	첫물 버섯
초본류(草本類)	풀붙이
초산(初産)	첫배 낳기
초산태(硝酸態)	질산태
초상(初霜)	첫 서리
초생법(草生法)	풀두고 가꾸기
초생추(初生雛)	갓 깬 병아리
초세(草勢)	풀자람새, 잎자람새
초식가축(草食家畜)	풀먹이 가축
초안(硝安)	질산암모니아
초유(初乳)	첫젖
초자실재배(硝子室栽培)	유리온실 가꾸기
초장(草長)	풀 길이
초지(草地)	꼴 밭
초지개량(草地改良)	꼴 밭 개량
초지조성(草地造成)	꼴 밭 가꾸기
초추잠(初秋蠶)	초가을 누에
초형(草型)	풀꽃
촉각(觸角)	더듬이
촉서(蜀黍)	수수
촉성재배(促成栽培)	철 당겨 가꾸기
총(蔥)	파
총생(叢生)	모듬남
총체벼	사료용 벼
총체보리	사료용 보리
최고분얼기(最高分蘖期)	최고 새끼치기 때
최면기(催眠期)	잠 들 무렵
최아(催芽)	싹 틔우기
최아재배(催芽栽培)	싹 틔워 가꾸기
최청(催靑)	알깨기
최청기(催靑器)	누에깰 틀
추경(秋耕)	가을갈이
추계재배(秋季栽培)	가을가꾸기
추광성(趨光性)	빛 따름성, 빛 쫓음성

추대(抽臺)	꽃대 신장, 꽃대 자람	측화아(側花芽)	곁꽃눈
추대두(秋大豆)	가을콩	치묘(稚苗)	어린 모
추백리병(雛白痢病)	병아리흰설사병, 병아리설사병	치은(齒)	잇몸
추비(秋肥)	가을거름	치잠(稚蠶)	애누에
추비(追肥)	웃거름	치잠공동사육(稚蠶共同飼育)	애누에 공동치기
추수(秋收)	가을걷이	치차(齒車)	톱니바퀴
추식(秋植)	가을심기	친주(親株)	어미 포기
추엽(秋葉)	가을잎	친화성(親和性)	어울림성
추작(秋作)	가을가꾸기	침고(寢藁)	깔짚
추잠(秋蠶)	가을누에	침시(沈枾)	우려낸 감
추잠종(秋蠶種)	가을누에씨	침종(浸種)	씨앗 담그기
추접(秋接)	가을접	침지(浸漬)	물에 담그기
추지(秋枝)	가을가지		
추파(秋播)	덧뿌림	**ㅋ**	
추화성(趨化性)	물따름성, 물쫓음성		
축사(畜舍)	가축우리	칼티베이터(Cultivator)	중경제초기
축엽병(縮葉病)	잎오갈병		
춘경(春耕)	봄갈이	**ㅍ**	
춘계재배(春季栽培)	봄가꾸기		
춘국(春菊)	쑥갓	파쇄(破碎)	으깸
춘벌(春伐)	봄베기	파악기(把握器)	교미틀
춘식(春植)	봄심기	파조(播條)	뿌림 골
춘엽(春葉)	봄잎	파종(播種)	씨뿌림
춘잠(春蠶)	봄누에	파종상(播種床)	모판
춘잠종(春蠶種)	봄누에씨	파폭(播幅)	골 너비
춘지(春枝)	봄가지	파폭률(播幅率)	골 너비율
춘파(春播)	봄뿌림	파행(跛行)	절뚝거림
춘파묘(春播苗)	봄모	패각(貝殼)	조가비
춘파재배(春播栽培)	봄가꾸기	패각분말(敗殼粉末)	조가비 가루
출곡견(出殼繭)	나방난 고치	펠레트(Pellet)	덩이먹이
출사(出)	수염나옴	편식(偏食)	가려먹음
출수(出穗)	이삭패기	편포(扁浦)	박
출수기(出穗期)	이삭팰 때	평과(果)	사과
출아(出芽)	싹나기	평당주수(坪當株數)	평당 포기수
출웅기(出雄期)	수이삭 때, 수이삭날 때	평부잠종(平附蠶種)	종이받이 누에
출하기(出荷期)	제철	평분(平盆)	넓적분
충령(齡)	벌레나이	평사(平舍)	바닥 우리
충매전염(蟲媒傳染)	벌레전염	평사(平飼)	바닥 기르기(축산), 넓게 치기(잠업)
충영(蟲癭)	벌레 혹	평예법(坪刈法)	평뜨기
충분(蟲糞)	곤충의 똥	평휴(平畦)	평이랑
취목(取木)	휘묻이	폐계(廢鷄)	못쓸 닭
취소성(就巢性)	품는 버릇	폐사율(廢死率)	죽는 비율
측근(側根)	곁뿌리	폐상(廢床)	비운 모판
측아(側芽)	곁눈	폐색(閉塞)	막힘
측지(側枝)	곁가지	폐장(肺臟)	허파
측창(側窓)	곁창	포낭(包囊)	홀씨 주머니

포란(抱卵)	알 품기
포말(泡沫)	거품
포복(匍匐)	덩굴 뻗음
포복경(匍匐莖)	땅 덩굴줄기
포복성낙화생(匍匐性落花生)	덩굴땅콩
포엽(苞葉)	이삭잎
포유(胞乳)	젖먹이, 적먹임
포자(胞子)	홀씨
포자번식(胞子繁殖)	홀씨번식
포자퇴(胞子堆)	홀씨더미
포충망(捕蟲網)	벌레그물
폭(幅)	너비
폭립종(爆粒種)	튀김씨
표충(瓢)	무당벌레
표층시비(表層施肥)	표층 거름주기, 겉거름 주기
표토(表土)	겉흙
표피(表皮)	겉껍질
표형견(俵形繭)	땅콩형 고치
풍건(風乾)	바람말림
풍선(風選)	날려 고르기
플라우(Plow)	쟁기
플랜터(Planter)	씨뿌리개, 파종기
피마(皮麻)	껍질삼
피맥(皮麥)	겉보리
피목(皮目)	껍질눈
피발작업(拔作業)	피사리
피복(被覆)	덮개, 덮기
피복재배(被覆栽培)	덮어 가꾸기
피해경(被害莖)	피해 줄기
피해립(被害粒)	상한 낟알
피해주(被害株)	피해 포기

하계파종(夏季播種)	여름 뿌림
하고(夏枯)	더위시듦
하기전정(夏期剪定)	여름 가지치기
하대두(夏大豆)	여름 콩
하등(夏橙)	여름 귤
하리(下痢)	설사
하번초(下繁草)	아래퍼짐 풀, 밑퍼짐 풀, 지표면에서 자라는 식물
하벌(夏伐)	여름베기
하비(夏肥)	여름거름
하수지(下垂枝)	처진 가지
하순(下脣)	아랫잎술

하아(夏芽)	여름눈
하엽(夏葉)	여름잎
하작(夏作)	여름 가꾸기
하잠(夏蠶)	여름 누에
하접(夏接)	여름접
하지(夏枝)	여름 가지
하파(夏播)	여름 파종
한랭사(寒冷紗)	가림망
한발(旱魃)	가뭄
한선(汗腺)	땀샘
한해(旱害)	가뭄피해
할접(割接)	짜개접
함미(鹹味)	짠맛
합봉(合蜂)	벌통합치기, 통합치기
합접(合接)	맞접
해채(菜)	염교
해충(害蟲)	해로운 벌레
해토(解土)	땅풀림
행(杏)	살구
향식기(餉食期)	첫밥 때
향신료(香辛料)	양념재료
향신작물(香愼作物)	양념작물
향일성(向日性)	빛 따름성
향지성(向地性)	빛 따름성
혈명견(穴明繭)	구멍고치
혈변(血便)	피똥
혈액응고(血液凝固)	피엉김
혈파(穴播)	구멍파종
협(莢)	꼬투리
협실비율(莢實比率)	꼬투리알 비율
협장(莢長)	꼬투리 길이
협폭파(莢幅播)	좁은 이랑뿌림
형잠(形蠶)	무늬누에
호과(胡瓜)	오이
호도(胡挑)	호두
호로과(葫蘆科)	박과
호마(胡麻)	참깨
호마엽고병(胡麻葉枯病)	깨씨무늬병
호마유(胡麻油)	참기름
호맥(胡麥)	호밀
호반(虎班)	호랑무늬
호숙(湖熟)	풀 익음
호엽고병(縞葉枯病)	줄무늬마름병
호접(互接)	맞접
호흡속박(呼吸速迫)	숨가쁨
혼식(混植)	섞어심기

혼용(混用)	섞어쓰기	황조슬충(黃條)	배추벼룩잎벌레
혼용살포(混用撒布)	섞어뿌림, 섞뿌림	황촉규(黃蜀葵)	닥풀
혼작(混作)	섞어짓기	황충(蝗)	메뚜기
혼종(混種)	섞임씨	회경(回耕)	돌아갈이
혼파(混播)	섞어뿌림	회분(灰粉)	재
혼합맥강(混合麥糠)	섞음보릿겨	회전족(回轉簇)	회전섶
혼합아(混合芽)	혼합눈	횡반(橫斑)	가로무늬
화경(花梗)	꽃대	횡와지(橫臥枝)	누운 가지
화경(花莖)	꽃줄기	후구(後軀)	뒷몸
화관(花冠)	꽃부리	후기낙과(後期落果)	자라 떨어짐
화농(化膿)	곪음	후륜(後輪)	뒷바퀴
화도(花挑)	꽃복숭아	후사(後飼)	배게 기르기
화력건조(火力乾操)	불로 말리기	후산(後産)	태낳기
화뢰(花)	꽃봉오리	후산정체(後産停滯)	태반이 나오지 않음
화목(花木)	꽃나무	후숙(後熟)	따서 익히기, 따서 익힘
화묘(花苗)	꽃모	후작(後作)	뒷그루
화본과목초(禾本科牧草)	볏과목초	후지(後肢)	뒷다리
화본과식물(禾本科植物)	볏과식물	훈연소독(燻煙消毒)	연기찜 소독
화부병(花腐病)	꽃썩음병	훈증(燻蒸)	증기찜
화분(花粉)	꽃가루	휴간관개(畦間灌漑)	고랑 물대기
화산성토(火山成土)	화산흙	휴립(畦立)	이랑 세우기, 이랑 만들기
화산회토(火山灰土)	화산재	휴립경법(畦立耕法)	이랑짓기
화색(花色)	꽃색	휴면기(休眠期)	잠잘 때
화속상결과지(化束狀結果枝)	꽃덩이 열매가지	휴면아(休眠芽)	잠자는 눈
화수(花穗)	꽃송이	휴반(畦畔)	논두렁, 밭두렁
화아(花芽)	꽃눈	휴반대두(畦畔大豆)	두렁콩
화아분화(花芽分化)	꽃눈분화	휴반소각(畦畔燒却)	두렁 태우기
화아형성(花芽形成)	꽃눈형성	휴반식(畦畔式)	두렁식
화용	번데기 되기	휴반재배(畦畔栽培)	두렁재배
화진(花振)	꽃떨림	휴폭(畦幅)	이랑 너비
화채류(花菜類)	꽃채소	휴한(休閑)	묵히기
화탁(花托)	꽃받기	휴한지(休閑地)	노는 땅, 쉬는 땅
화판(花瓣)	꽃잎	흉위(胸圍)	가슴둘레
화피(花被)	꽃덮이	흑두병(黑痘病)	새눈무늬병
화학비료(化學肥料)	화학거름	흑반병(黑斑病)	검은무늬병
화형(花型)	꽃모양	흑산양(黑山羊)	흑염소
화훼(花卉)	화초	흑삽병(黑澁病)	검은가루병
환금작물(環金作物)	돈벌이작물	흑성병(黑星病)	검은별무늬병
환모(換毛)	털갈이	흑수병(黑穗病)	깜부기병
환상박피(環床剝皮)	껍질 돌려 벗기기, 돌려 벗기기	흑의(黑蟻)	검은개미누에
환수(換水)	물갈이	흑임자(黑荏子)	검정깨
환우(換羽)	털갈이	흑호마(黑胡麻)	검정깨
환축(患畜)	병든 가축	흑호잠(黑縞蠶)	검은띠누에
활착(活着)	뿌리내림	흡지(吸枝)	뿌리순
황목(荒木)	제풀나무	희석(稀釋)	묽힘
황숙(黃熟)	누렇게 익음	희잠(姬蠶)	민누에

건강한 생활을 위한 화훼장식

1판 1쇄 인쇄   2021년 08월 16일
1판 1쇄 발행   2021년 08월 20일
지은이   국립원예특작과학원
펴낸이   이범만
발행처   **21세기사**
등록   제406-00015호
주소   경기도 파주시 산남로 72-16 (10882)
전화 031)942-7861 팩스 031)942-7864
홈페이지   www.21cbook.co.kr
e-mail   21cbook@naver.com
ISBN 978-89-8468-996-1

정가 20,000원